U0948376

态度决定待遇

ATTITUDE DETERMINES TREATMENT

汪园黔 · 著

中国财富出版社

图书在版编目（CIP）数据

态度决定待遇/汪园黔著.—北京：中国财富出版社，2015.1

ISBN 978-7-5047-5507-0

Ⅰ.①态… Ⅱ.①汪… Ⅲ.①成功心理-通俗读物 Ⅳ.①B848.4-49

中国版本图书馆 CIP 数据核字（2014）第287034号

策划编辑 丰 虹　　**责任印制** 方朋远
责任编辑 丰 虹　　**责任校对** 杨小静

出版发行 中国财富出版社
社　　址 北京市丰台区南四环西路188号5区20楼　**邮政编码** 100070
电　　话 010-52227568（发行部）　010-52227588转307（总编室）
010-68589540（读者服务部）　010-52227588转305（质检部）
网　　址 http://www.cfpress.com.cn
经　　销 新华书店
印　　刷 三河市西华印务有限公司
书　　号 ISBN 978-7-5047-5507-0/B·0419
开　　本 710mm×1000mm 1/16　**版　　次** 2015年1月第1版
印　　张 13　**印　　次** 2015年1月第1次印刷
字　　数 186千字　**定　　价** 35.00元

本书编委成员

序　言

没有不丰厚的待遇，只有平庸的态度

岁末年初，是职场人跳槽最频繁的时期。在这个时间段上，职场话题异常活跃。只是，人们谈论更多的不再是平常烦琐的工作细节问题，而是那些最现实的问题——企业给予员工的待遇。

什么是工作待遇?

待遇，不仅包含着工资薪酬的多少、福利奖金的高低，同时也包含着企业给予员工精神上的鼓励和投入、提供的具体工作环境、赋予的工作使命、授予的工作权利，等等。

一言以蔽之，工作待遇，代表着整个用人单位是如何看待员工、评价员工的。

了解待遇的上述定义，我们就能更加清楚，在跳槽之前为什么诸多讨论和谋划中，人们总是无法离开“待遇”这样的关注焦点。这是因为，待遇是每个人选择工作岗位最重视的因素，它意味着个人的工作价值和个人的发展动力。能获得怎样的工作待遇，很大程度上代表了你在工作岗位上的价值体现。

正因为如此，不少人在跳槽时，甚至在思考自己的工作回报时，总会产生这样的想法：“我的工作待遇太一般了。”

综观当今的职场，会发现大量员工似乎面对着太多的不公平：他们不断加班，却得不到自己想要的更高的报酬；他们总在联系客户，但却拿不到自己想要的更多的订单；他们不断地在工作，但工作结果中的错误比起成绩似乎还要多……为此，他们抱怨不已，认为辛苦地工作换来的不是待遇的提高，而是在物价上升时代下显得越来越不尽如人意的工作待遇。

然而，从另一角度思考：你真的只配得到微薄的待遇吗？

答案往往不是那么简单。

平凡的待遇，并不总是源于你老板的“贪婪”，更不是因为你命运不济或者能力不够。你的工作待遇之所以不高，是因为你的工作态度平庸无奇。而那些看起来在职场上获得良好待遇的人们，他们对工作的态度肯定有着超于他人的地方。

其实，所谓不同的待遇，其关键点并不在于待遇本身，而是由每个工作者不同的工作态度决定的。

态度，源于工作者内心的潜在工作意志，来自个人的工作能力、工作意愿和工作想法。当工作态度具体表现在工作的行动中时，就会相当程度地决定一个人的工作业绩，也决定了他是否能够成功。

在职场中，员工和员工之间看似相互在竞争工作业绩，在比较工作待遇，但实际上，其本质在于工作态度的竞争。这是因为，一个人的工作态度直接影响其工作行为，决定了他对待工作是真的尽力还是仅仅在敷衍。那些尽力工作的人，迟早会因为全力以赴而获得回报，得到良好的工作待遇；那些敷衍的人，则大多只能因平庸的工作态度而始终困守在平凡的工作待遇中。

笔者长期从事职业培训，通过培训工作，接触了大量不同企业的职场人，并从对他们的观察和了解过程中，明确了工作态度是如何产生重要作用的。为了让更多职场人能够从对自我工作态度改变的过程中受益，笔者归纳总结了多年积累的工作案例，对个人调整工作态度的方法进行理论化、体系化的梳理，使本书成为一本具有实操性的、理论结合现实的职场工作指导书。

本书第一章揭示职场问题；第二章论述态度的重要性；第三章介绍如何转变态度；第四至第九章给职场人提供了具体的方法，教会职场人如何通过转变态度来提升待遇。全书主旨不离态度与待遇。态度是因，待遇是果。书中语言清晰流畅，案例生动翔实，是一部指导职场人端正工作态度、形成良好工作习惯的不可多得的好书。

当你阅读完本书，或许会开始渐渐相信这样的职场箴言：

我们无法延伸职业生涯的长度，但能够拓展职业生涯的宽度；

我们不是老板，但我们可以改变老板；

我们不能控制客户，但我们能够掌控自己；

我们不能迅速提高待遇，但我们可以马上改变态度。

总之，职业发展掌握在自己手中。我们应该真诚和智慧地面对和修正自己的工作态度，用正确的态度去面对工作。这样，我们才能从职场的胜利中获得甘美的果实，少一点抱怨与牢骚，多一点职场幸福感！

作　者

2014 年 10 月

目　录

第一章

没有卓越态度，凭什么要丰厚待遇

“我的薪资待遇太可怜了”——比待遇更可怜的是你平庸的态度

工作是为了追求什么？是薪水还是自己的事业？面对这个问题，职场人大都有着自己的答案。不少人在择业时并不会完全将薪水放在第一位，他们更为看重的是自己的工作有没有发展前途，是否能让自己提升应对能力、拓展个人空间和提高社会地位，但也无需否认，不少人还是会将薪水作为工作的首选目标。毕竟，这是一个“钱虽然不是万能，但没有钱是万万不能”的时代，是一个在相当程度上用个人财富来评价其贡献价值和人生成功程度的市场经济社会。

但问题是，认为自己的工作薪水低、待遇太可怜，而因此对职业“自轻”，并盲目羡慕他人的职业，似乎已经成为了当代职场人的通病。在实际工作中，不少人只看重薪水待遇。在他们眼中，薪水逐渐成为衡量工作价值的标准，成为采取怎样工作态度的凭据。例如，“老板给的工资低，我干活儿就少”、“不付钱的一律不做”、“你不加工资我就不努力干活”。表面上看，这些注重自我公平原则的人没有失去什么，但从职业发展上来看，他们失去的是自己对工作应有的态度。

小钟从名牌大学毕业以后，觉得自己的能力和水平比一般人都要高，因此总是想找到月薪在五六千元以上的工作。然而，从人才市场跑下来以后，小钟发现自己工作经验有欠缺、简历上除了学历并没有多少“干货”，很难有企业愿意开出他理想中的月薪待遇。于是，在无奈之下，小钟选择了一家小公司的市场营销岗位，月薪也只有三千元不到。

由于在薪酬方面没有达到自己理想的水平，小钟在工作中缺乏应有的积极态度，工作激情更是无从谈起。除了完成上司布置的工作，他总是坐在电脑面前，不是和人聊天，就是趁上司没注意打游戏。某天，同部门的员工有事出去，留下小钟一个人负责接待下午要来的重要客户。没想到，小钟虽然嘴上答应，但下午却将自己要去机场接待客户的事情忘得一干二净，结果，那个重要客户受到了冷遇，很生气地告诉老板订单取消。

当老板听说了事情原因后，决定请小钟走人。

小钟之所以被辞退，和他的工作态度有很大关系。他只看到了企业应该付给他薪水，但他没有想到薪水背后的价值。诚然，当一个人付出劳动之后，理所应当获取薪水。但薪水并非只是一个人在工作上花费的时间的回报，同时还包括其在工作上付出的态度。如果一个人只能看到薪水中属于支付时间和劳动的一部分，却没看到薪水中支付给态度的那一部分，就很难产生高远的自我提升、自我发展的意识，在实际工作中也就很容易失去主动参与、主动表现良好态度的工作积极性，也就难以从工作中获得应有的充实和满足。

反观那些只看到薪水表面高低的员工，他们看起来目的明确，但结果往往事与愿违。这是因为他们被薪水的数字所牵引，不能判断自己的工作态度是否真正可以改变这样的数字。这种敷衍，对于公司和老板是伤害，对于员工自己同样也是伤害。当我们面对看起来并不高的薪水时，完全可以将之当成锻炼自己工作态度的良好机会。有理由相信，只有员工表现出良好的态度标准，才能获得让老板看重的工作成绩，只有工作成绩的取得才能换来不断上升的工作薪水，这种关系环环相扣、无法拆散。

在看待薪水和工作态度时，职场上的你有可能犯下面三种错误。

错误一：瞧不起自己的工作

由于薪水较低，因此而瞧不起本职工作的员工大有人在。其实，在越来越强调分工合作、越来越看重不同岗位对社会贡献的时代中，可以说没有哪一份工作是可以缺失的。职场也同样不缺少从清洁工变成为老总、从门童变成为高管的先例，如果他们一开始就因为工作收入微薄而瞧不起自己的工作，进而用马虎的工作态度去糊弄自己应该肩负的责任，那么，他们即使对工作薪资有再高的期望，恐怕最终还是只有一份难以成就事业的工作业绩。

错误二：希望通过改变工作圈子来提升薪资

不少职场人认为，“男怕选错行”，自己之所以只能拿到目前的薪资，和自己的工作态度、能力以及贡献没有关系，而只是因为自己进错了行业。为此，他们常常期盼自己有朝一日可进入那些能够迅速提升薪资的行业，从而改变人生和职场。

不可否认，的确有一些人因为进入垄断企业等令人羡慕的职场圈子，而很快得到了令人眼红的薪资。但问题是，他们之所以能胜任那样的岗位，一方面和其本身具备的学习态度、工作态度有着密不可分的关系；另一方面，如果他们在目前的岗位上无法保持应有的工作态度，那么也就很难保持其现有的薪资。因此，作为普通职场人，无需将眼光放在某些高不可攀的工作圈子中，与其抱有不太现实的幻想，还不如立足目前的工作岗位，通过改变态度而不是改变工作圈子来提升薪资。

错误三：认为薪资仅仅是钱，而不是老板对你的信任

从某种程度上说，老板付给员工薪资是必须的，但如果付给员工的薪资高，那么只有一种可能即老板对员工存在高水平的信任。不少职场人并没有考虑到这样的关系，而是盲目希望能依靠个人的某种特点，如高学历、专业特长等就获得理所应当的高薪资。很显然，这样的期望既不符合现实情况，也不符合老板作为自然人而应有的心理发展轨迹。职场人应该看到，想要获得高薪资，就要表现出自己应有的态度，从而获得老板的良好信任和待遇。

“我能力比他强百倍却不被晋升”——晋升不全看能力更看态度

通用电气是世界上最伟大的公司之一，因其内部人力资源管理的科学性而扬名世界。通用电气的人力资源部高管在总结他们的工作时，曾经谈到下面的原则：当通用的高层在分析员工究竟是否适合某项工作时，并不完全看他们目前是否有能力去做好这项工作，而是首先考虑他们对目前工作的态度。如果他们真的认为自己的工作非常重要并因此而具备了良好态度，管理者们就会对他们产生深刻的印象——即使他们目前的工作能力还有不足也没有关系。这里面的道理在于，如果员工认可自己目前的工作并具备良好的态度，他就会努力付出，并对下一项工作也抱着积极的态度。而一个员工的工作态度，和他的工作效率有着密切的联系。

职场中，不少员工都认为自己的能力比他人要在某方面强不少，却认为自己的工作岗位限制了自己的能力发挥，进而形成恶性循环，认为自己不能得到合理提升—感到愤愤不平—不愿意端正工作态度—更不可能得到晋升。

归根结底，这样的问题之所以在不少员工身上表现突出，是因为他们总是对自己的工作职位抱有太高的期望值，认为凭借自己的能力和才干应该获得某些更加“体面”的工作职位，并得到不断晋升。但问题是，他们忽视了自己的工作态度没有能够有效支撑起自己能力的发挥，也就无法带动自己的晋升了。

只有一个既有工作潜能，又有充分正确的态度来发挥这些潜能的员工，才能在职场的路途上获得想要的晋升。

1994年，洛阳郊区的一位打工妹小李，带着家里人给她的50元钱，只身一人来到了郑州。她加入了郑州圆方美洁服务有限公司，担任普通的保洁员。即使在今天，保洁员的工作岗位也是很多人不愿考虑的，加上当时的保洁工具相对落后，连专门的清洁剂也很少，因此对于工作者来说更是需要相当的勇气去摆正工作态度。

一次，郑州某家医院要和有关清洁公司签订合同进行长期保洁服务工作，圆方公司也参加了这次投标。医院的要求很简单：谁能把清洁工作做到最好，就选谁。当天，小李被公司派往医院做保洁展示工作，到了之后，小李发现，自己担任的工作是打扫长期没有人打扫过的厕所。那里又脏又乱、恶臭难闻，但小李还是用最好的工作态度，花了整整一天的时间，将厕所的污垢清除得一干二净，她甚至被厕所的恶臭熏得泪流不止……当工作结束以后，小李还特地用彩笔在白纸上画了一束漂亮的玫瑰，并写上了“爱护卫生靠大家”的字样，将纸条贴到了墙上。

医院负责人原本抱着试一试的想法让小李展示保洁工作，没想到几年都没清洁过的厕所能够被她清洁到这样的程度。这位领导被震住了，他很快在评价单上写下最满意的话语，继而，圆方公司得以从诸多的竞争单位中脱颖而出获取了标的，签下了合同，而小李也成为这家公司中最知名的员工。

2003年年初，圆方公司董事会决定举行一个特别的仪式。在仪式上，小李用秃了的便池刷被清洗得干干净净，然后扎上了红绸子，由董事长在公司上下员工的热烈掌声中亲自授予给她。

小李叫做李娴莉，现在已经是河南圆方物业管理有限公司的总经理了，在职场路途上，她靠着对工作一丝不苟的态度，从最普通的基层员工，到成为公司的高层管理者，实现了晋升的成功，也实现了个人价值。

其实，职场上每个人的前途都不渺茫，晋升的可能性也并不完全取决于领导。这是因为，你是否能获得想要的晋升，取决于你的工作态度。只有对最普通的工作都能给出专注的态度，你才能为自己打造出通往卓越和成功的道路。当职场人用洋溢的激情、投入的付出来面对自己的工作时，其工作态度就会焕然一新，而工作业绩也能因此迈向更高水平，晋升也就变得顺理成章了。

在对待工作态度和职位晋升的问题上，职场人应该设法远离下面的错误：

1. 抱怨自己的职位缺乏施展空间

可以说，每一个工作职位都是必需的，否则完全可以将之取消。工作职位之所以存在，就是需要有人用专注的工作态度加以正视，并在这个职位上尽量做到最好。因此，职场人不应该抱怨工作职位太低，而应该反躬自省，试问自己是否已经将此职位的工作价值完全发挥，自己的工作态度是否对得起目前的职位。

2. 认为晋升者并没有太多的优点

不少职场人认为，那些获得晋升的同事，有的是因为运气好，有的则是因为找到了关系，还有的则完全是因为老板和上司个人的喜好选择。但他们没有看到的是，晋升者在职业上上升固然有不同的理由，但他们有着共同的成功原因：超越常人的工作态度。

你不妨重新看待和认识那些比你更早得到晋升的同事，分析他们在日常工作态度中表现出的优点，再和自己的工作态度进行对比，从而得到不一样的收获。

3. 片面看待晋升的要素

一些职场人的确有着出色的工作能力，同时也利用其能力创造了一定的工作业绩。但问题是，他们仅仅看到了自己的优势，而忽视了晋升实际上是企业组织对其中员工全盘的肯定，是对员工价值的充分认定，而不仅仅是对你工作能力、工作价值的肯定。所以，晋升不仅取决于能力和业绩，更重要的是出色的工作态度，因为只有对表现全面优秀的人才进行提拔，才能表现出企业的公平、公正。

正确认识晋升和工作态度的关系，能够帮助职场人少走弯路，避免他们陷入工作晋升的泥潭中而进退不能，帮助他们摆脱尴尬的职场瓶颈。

“老板太抠门了”——只知抱怨是阻碍待遇提升的关键

毋庸讳言，在很多公司的职场文化中，三三两两的同事下班后抱怨老板，成为了一种常态。在这样的抱怨中，不少只是对工作压力的发泄，也有些许调侃的意味……但如果职场人真将这种对老板的抱怨带入自己的工作态度，那么对于职场人自己甚至是企业集体本身，都具有相当负面的影响。

不少职场人并不认为自己抱怨老板有什么不对，他们认为：老板对公司的经营活动一清二楚，他赚取的利润很容易看出来，但他又分给身为员工的我多少呢？反过来，我为他创造了多少价值，又得到了多少工资，这两者相减，不就是我被老板所剥削的？

就这样，不少职场人越算越难以平衡，他们开始抱怨老板太抠门，不肯分出利润，而这则导致职场人的工作心理进一步失衡、工作态度变得难以持久而专注。

其实，不少员工经常会对自己的价值做出过高估计，他们只专注于计算自己工作中为老板所创造的利润，而没有看出自己在创造价值之前老板做出的投资、承担的风险。同时，一些职场人本身还可能并没有创造出应有的价值，他们只是人云亦云地骂骂老板、抱怨老板的吝啬抠门，而实际上对于企业，他们并没有真正思考过应该作出怎样的贡献，如何帮助企业搭建好共同发展的平台。

身为员工，应该看到，任何一个企业既需要指挥者、决策者，也需要管理者和执行者。如果自己在企业中目前只是基层员工，那么你的角色就是执行者，能够做出的贡献业绩也就是为企业的决策作出具体的执行结果，但这并不意味着整个企业的发展动力都是由基层执行者所提供的。相反，如果没有老板、没有上司，那么企业就如同失去前进方向和动力的船舶，只能漂荡在市场的大海中。

明白这一点，职场人就应该踏实地做好自己的本职工作，在工作实践中不断对自身的工作态度加以观察和反思、领会和感悟，从而培养好工作能力、积累好工作经验。

有这样一个真实的职场事例：

某位员工总是感觉老板并不重视他，对他的待遇毫不在意，过于抠门。有一次，他和自己的长辈抱怨说："这家公司的老板根本就不重视员工，我已经想好了，我今年年底就要辞职！"

长辈听完他的抱怨，思考了一会儿说："我同意你的做法。不过，你应该给老板一点应有的教训，而不是现在就离开，那样太不合适了。"

这位员工并不理解，疑惑地问道："为什么？"

长辈解释说："你想想，现在老板给你的待遇确实低，但就算你因此离开了，他的企业也不会受到什么损失。同时，你在这家企业工作的过程中，也没赚到什么钱和工作经验。不如你先继续在这家公司干下去，尽力干出点业绩来，让自己成为公司上下最受瞩目的员工。到时候，你再带着这些工作业绩昂首离开，可想而知，老板一定会因为你的离开而损失很大，这样他的抠门也就受到应有的惩罚了。"

这位员工觉得这个计划很好，于是他开始努力工作，开始为自己而不是为企业努力拉客户、做项目，经过大半年的时间，他成了公司中的佼佼者，工作业绩不断攀升，对外的人际关系也迅速发展，有了忠诚的客户群体。

过年时，长辈再次看到他，询问其工作方面是否已经有了跳槽计划。这位员工却高兴地说，最近两个月，我发现老板不抠门了，不仅对他非常重视，还主动加薪。几天前，老板还提出想让他独当一面，担任部门的主管。既然老板不抠门了，自己也就不想离开企业了。

长辈听完高兴地说道："你做得很对。其实，一开始你虽然有潜力，但自己却没有端正工作态度，只是在盲目抱怨老板的抠门，因此才难以受到应有的重视。现在，你将目光集中在自己的工作态度上，焕发出了工作潜力，面对这样的员工，老板不再抠门也就很自然了。"

从上述案例中我们可以看出，与其抱怨老板不公，不如想想老板表面上的吝啬抠门是否有其客观理性的原因。不可否认，的确有一些心胸狭窄、眼光短浅的老板，总希望员工能够"吃的是草、挤出来的是奶"，但改革开放三十多年，中国的市场经济不断成熟，企业和企业之间的竞争压力不断增大，越来越多的老板已经清楚认识到那些能够给企业带来利润、给自己带来财富的员工，是自己将来在竞争中获胜的关键，他们对于这样的员工是绝不会抠门吝啬的。而成为这样的员工，关键在于工作态度的投入。为此，职场人应该从下面三方面做好努力。

1. 明确待遇来源于责任

承担一份工作，意味着能够享受到一份待遇，但同时也意味着承担了必要的责任。不少职场人当工作遇到不顺利的情况时，首先想到的是自己的待遇太低，影响了工作积极性，但他们没有想到，当你愿意承担这份工作时，责任也如影随形。只有那些能最好地完成工作的人，那些对企业、老板和客户负责的人，那些能够勇于承担工作责任的人，才有资格获得最好的待遇。

2. 有良好的心理素质

实际上，一些企业的员工所获得的薪资并不低，但他们之所以总是在抱怨老板抠门，很大原因是因为他们的心理素质还不够成熟。他们总希望能够更快地跨越界限，获取一夜暴富的机会，但这样的想法显然是不合情理的。

职场并不是舞台，对老板的抱怨应该尽量减少，因为老板很有可能决定你未来的职业走势。同时，老板也不是你的心理医生，他们不可能解读、分析和充分理解每一个员工的内心。因此，职场人更现实的做法是让自己尽快长大，并用专注和职业的态度面对工作。

3. 先有付出才有收获

年轻人越来越倾向于将个人和企业之间的关系看作等价交换，先不讨论这样的关系是否全面合理，但既然是等价交换，就应该先拿出能够对等的东西，才能指望获得老板越来越好的待遇承诺。相反，不少人总是抱怨企业和老板，却没有思考过自己在这种“等价交换”中处于人力资源卖家的位置——既然是人力资源交易中的卖家，你都没有正确的工作态度，又怎么能指望使用人力资源的买方老板开出应有的合理价格呢？

综上所述，想要获得老板的青睐、企业的高薪，靠抱怨是不行的，最好的办法是依靠自身的努力工作，不断用良好的工作态度创造成绩和价值。退一万步说，即使在做到这些以后，老板依然对你的价值无动于衷，那么，你也有更好的资本去改变工作环境、获得你应有的待遇。做到这一点，抱怨将会离你而去，而工作也会有崭新的开始。

“这事不归我管差不多就行”——错误态度让机遇与你渐行渐远

在企业中，人人都有职场上的分工，而每个人的分工都有具体的差别。这是企业内部应有的组织结构，也是几乎每个员工进入职场后都会养成必然的分工意识和岗位意识。然而，这样的分工意识必须与有效的合作意识配合，从而形成正确的工作态度，抓住获取成功的机遇。每个人在工作中都应该具备一丝不苟的工作精神，用专注的工作态度去对待合作，坚决避免那种动辄用“差不多”“这种事不归我管”的想法去对待工作，并将工作做到最好。

但是，在一些企业中，员工或多或少都有“做好自己的事就行”或者“差不多就行”的错误工作态度。于是，他们在工作中很容易出现不同的错误现象：

据统计，在不少企业中，5% 的人与其说是在做自己的工作，不如说是在给他人的工作带来麻烦和阻碍，他们是整个企业的工作破坏力。

10% 的人看起来在做自己的工作，但实际上却是在等待中不断浪费时间，他们的口头禅是“差不多就行”，但作出的结果却离“差不多”很远。

20% 的人正在为自己工作结果从表面上看起来有所增加而在工作，但他们无法意识到用正确态度和与他人协作的重要性，因此，他们的工作业绩难以形成突破性的上升，属于低效劳动。

除此之外，还有一些员工由于只关注自己的工作，与同事之间难以沟通协调，也造成工作方法的缺失、工作效率的低下；另一些员工即使认识到正确的工作协作是重要的，却不知道如何进行真正到位的态度转变。

实际上，因缺乏协作的工作态度、自认为“差不多就行”的工作态度所造成后果的严重性经常超出普通职场人的想象。排除那些不可控的原因，由于上述错误的工作态度而带来的问题不胜枚举。在企业中，缺乏足够协作态度和专注态度，会导致一些看上去并不厉害的错误和疏忽变成企业中难以解决的隐患。

“环大西洋号”曾经是巴西最先进的海轮，顺利进行过多次的远航，但在一次普通的航行中，它毫无征兆地沉没了，船上的船员无一幸免。后来，援救者在进行事件调查时，找到了沉船的原因。

水手 L 说，他在奥克兰港给自己买了个小台灯，这样他就有了写信、阅读的照明工具；

二副说，他看到 L 拿着这个台灯上船，便提醒他这个台灯很轻，船摇晃起来别让它掉下来；

三副说，船离港的时候，他发现救生筏有点松动，就将救生筏绑好；

水手 D 说，离港交接，他发现水手住宿区的闭门器损坏了，就用铁丝把门绑扎好；

二管轮说，他检查了消防设施，记录下了灭火栓的腐蚀问题，等到港口后再更换；

船长说，起航时候工作很忙，他打算迟一点再去看甲板和轮机部门的检查报告；

工人 A：3 月 24 日上午，水手 L 的房间消防探头报警，但他进入房间没发现有火苗，就拆掉了看起来出故障的探头并交给了大管轮；

大管轮说，自己当时忙，打算迟一点交个新探头给工人 A；

服务员说，自己在24 日到水手 L 房间找他，结果 L 没在房间，于是服务员打开了台灯；

大副说，自己带着水手 D 检查时，告诉水手 D 去检查 L 的房间，大副本人没进去，至于后来 D 去没去就不知道了；

机电长说，24 日下午，电跳闸了，由于以前也有这个问题，就重新合闸了也没有去检查；

三管轮说，当 24 日下午发现船内空气不好时，打电话去厨房核实，确认了没问题，就让机舱打开通风的阀门；

大厨说，厨房不可能有什么问题，并为此咨询了二厨；

二厨说，他的确觉得空气不怎么样，但觉得这一点不是他的工作；

而剩下的其他主要船员，都说自己或者在巡视，或者在休息，或者吃东西。当 24 日 19 点半的时候，从水手 L 房间开始着了的火已经蔓延到整个船舱，火越烧越大，已经无法控制了。正是因为其中每个人看起来都只做好自己的分工、在“差不多就行了”的工作态度下，导致了集体的疏忽大意，酿成了沉船的悲剧。

虽然这样的案例是相对极端的情况，但带给我们的启示足以说明，在职场中，人们不仅需要做好自己的工作，同时也要关心整个企业的工作，不仅要做到“差不多”，更要做到精确和完美。

从下面的角度出发，企业员工可以有效改善自己的工作态度并避免错误。

1. 关注和自身有关的工作流程

员工想要改善工作态度，就不能将自己的工作和整个工作流程割裂开来。与此相反的是，他们不仅要对自己的工作投入关注，还要看清楚其他部门、其他员工和自身工作的联系，并从这样的关注中得到对工作更清晰的了解和认识。

2. 追求尽善尽美

“差不多就行”的态度，一旦出现在工作中，就会导致企业人对自己的工作要求标准不断下降，继而导致工作质量不断下降。反之，企业人不断追求更高的工作标准，才能让自己从压力中不断获得新的工作动力，并改变工作态度、带动工作业绩的提升。

3. 用态度养成习惯

不少人认为自己缺乏表现能力的机遇，但实际上只有养成良好的工作习惯，才能随时抓住可能出现的表现机遇。因此，职场人应该将主动协作、主动提高工作质量的行为当成改变自我工作习惯的重要途径，以便让良好的工作态度真正成为自己的职场标志。

“他以为自己是工程师，实际就是砌砖的”——走出低待遇阴霾需换种态度

每个行业、每个企业、每个岗位，只要它能够合法存在，就必然有其价值和意义。因此，即使你目前只是一名资历浅薄、能力不足的实习生员工，从本质上来看，也和企业的老板一样，是社会中不应被忽视、不应被忽略的职位。工作就是工作，不应该有所谓的高低贵贱之分，即使是身处底层，但假如你想要摆脱自己低待遇的工作境况，就应该重视自己的工作，将它看作重要而富含意义的。因为轻视工作，也就是轻视自己。

有这样一个古老的职场故事：

在一个小镇上，三个石匠工人正在同时建造一幢教堂。过路的人停下脚步，问他们在做什么。

第一个石匠回答说：“你看见了，我正在不断地搬石头去砌墙，好辛苦啊。”

第二个石匠解释说：“我在砌墙，这需要将石头堆砌整齐，这样，房子才能够建筑得结实。”

第三个石匠自豪而激动地说：“我们的工作责任很重大，这是这个小镇上的第一所教堂，是人们盼望已久的。我必须要像工程师那样，将它修

建得精美坚固，让它成为这个小镇、这个城市附近乃至这个国家最好的小教堂！”

可想而知，对待同样的工作和岗位，不同人持有不同的态度，有人觉得自己是工程师，也有人觉得自己只是个搬砖的。对于职场人来说，只有像第三个石匠那样，看重工作的意义、对工作充满热情，才能获得超乎常人的工作态度。相反，在前两个石匠看来，工作只是简单地不断重复劳动，是为了吃饭，而并非为了实现自己的价值，更不是为了突出自己的追求。

的确，即使在今天的职场中，或许你的身边还是有很多人只将自己看作“搬砖”的而并非“工程师”，他们只是将工作当成谋生手段，而只有其余少数人才会将工作看作事业追求。但事实上，正是这样的区别决定了他们所获得的不同待遇，前者如果不改变自我定位，就会永远只能获得低廉的收入，而后者因为对自己的工作有更高期望、更高待遇，即使目前待遇较低，但日后一定会因为这样的定位而受益匪浅。

如果只是将工作看成做事，那么，职场人想到的只是工作的行动，对这些枯燥的行动自然很难产生热情，很难下功夫研究提高的方法；反之，如果你将工作看成最喜欢的事情，看成对他人有充分意义的奉献，那么你就会因此而保持应有的热情，并改变工作方法。历史上很多职场成功者的起点都来自于将手头的简单工作看成事业，而他们即使在事业成功之后，依然对自己有着更高的定位，对事业有更高的追求。

为了做到更好地看待工作的意义、向自己发出积极的评价，你应该从下面的认识角度对自己的工作进行评价。

1. 看到工作的具体受益者

任何工作之所以存在于企业中，是因为有人从中受益。这种受益人并不一定是客户，还有可能是你身边的其他员工，或者就是你自己。因此，职场人不妨在衡量自身工作价值时，寻找并确定那些具体从你的工作过程和结果中受益的人，观察他们对你的工作有怎样的期待。当你评价自己的工作时，就不会只能抽象地看到那些烦琐的步骤、枯燥的操作了。

2. 将职业看作是事业的基础

很多人认为自己没有机会获得事业，但实际上，事业的开始大都应从职业开始。只有当一个人能够摆脱生活需要去看待自己的工作时，才有可能从工作中建立兴趣，并将围绕工作而形成的职业变成个人事业的基础。因此，为了事业的未来成就，做好今天的职业工作，一个人才能让自己的职业变得更为丰富、更有内涵。

3. 不要认为自己是失败者

的确，一份待遇较低的工作有可能让你在诸多方面产生不满，但这种不满应该成为你端正工作态度的动力，而不是自我轻视的理由。对于职场人来说，应该认定自己即使在从事较低待遇的工作，也有着成为成功者的基础，并因此具备应有的工作信心和工作勇气。这就需要职场人抛弃认为自己失败的悲观情绪，而用乐观、积极、向上的态度去面对工作和生活。

总之，为自己的工作找到使命感，能够让人更加尊敬工作、更加尊敬企业和自我，有了这样的尊敬，你的工作态度会在本质上有重大提升和改变。

态度——待遇平凡与不凡的分界线

作为截至目前唯一带领中国国家足球队冲入世界杯的主教练——米卢，留给中国人印象最深的一句话是："态度决定一切。"

的确，一个人对待工作和生活的态度，将会决定他自己处于怎样的环境中。那些态度积极的人，换来的将是不平凡的人生；而态度消极的人，换来的将是悲剧的人生。如果你在职场工作中，面对周围的同事，所感受到的是积极态度，那么你就会处于充满正能量的氛围中。可以说，工作中的绝大多数时间都会是充满动力和热情的；相反，如果处在一个每个人都缺乏正确态度的工作环境中，那么你所感受到的将是消极和悲观，工作氛围永远是乌云密布。

态度，决定了一个人将得到怎样的待遇回报。很多人感觉自己获得的待遇不公，但他们忽视了待遇并不完全是客观的，其具体的高低上下很大程度上取决于每个人主观表现的不同。倘若每个人都能用应有的态度来承担自己应尽的义务，对自己的不足做出认真的检查、纠正，彻底改变自己，他们又有什么理由不提升待遇呢？

其实，心理学家早就证实：一个人之所以待遇低，很大程度上并非外界有力量刻意阻碍他们的发展，而是因为他们对环境所做出的都是消极的反应。消极的心态能够让人们默认被环境控制，甚至喜欢被环境控制，而自己的一切都喜欢被环境安排好，在这样的心态下，他们只能随波逐流，接受环境为其铺设的层次道路，又怎么可能获取更高的待遇？相反，有积极态度的人总是能不屈不挠，用明确的目标和坚忍的精神去面对环境中的困难，他们能够认真地对待工作、生活，认真地控制好自己的人生，因此，他们的努力终将获得越来越高的待遇。

但很多人并没有意识到这一点，他们认为，自己的待遇完全取决于企业的老板，但如果深入观察就可以发现，甚至老板自己的待遇，也取决于他们对待事业的态度。

韩国现代集团创始人郑周永，在刚刚创建企业时，就遭受了几乎让他折戟沉沙的打击。当时，郑周永承建了釜山洛东江上一座桥梁的修复工程，然而，由于战争之后的物价波动难以准确预测，施工总费用在施工过程中直线上升，不到两年，预算竟然比当初签合同时的预订工程费上升了数倍。对于郑周永和他的企业来说，这样的上升意味着大批的债务很快要将企业推向破产的边缘，而一旦郑周永选择破产，就可能会被巨额债务压垮，导致难以翻身。面对这样的情况，他依然保持了良好的态度，既没有去寻求政府方面的保护，也没有向其他地方求援，而是决定端正整个企业的态度，就算赔钱也要将工作做好。

郑周永继续要求工程确保质量，同时，积极筹措资金。就这样，整个企业在他的领导下圆满地完成了这次赔本的买卖，渡过了难关。而凭借这次成功的案例，郑周永在韩国社会上下引起了关注，获得了良好的信誉。凭借这样的信誉，当他竞标当时韩国最大的桥梁——汉江大桥修复工程时，轻松战胜了竞争对手拿下了合同。正是因为汉江大桥的工程，现代集团一举成为韩国相关领域的领军企业。

其实，待遇低的困境日子，绝大多数人都可能遇到过，但真正在绝处依然能用良好态度去面对周围环境的人就不多了。面对窘态，人们不应该放弃自己的良好态度，只有保持积极态度，才能让我们有可能获得一条向上的生路。

在用态度来影响自己待遇的过程中，应做好下面三件事情。

1. 对旧日的自己进行改造

如果我们暂时无法去改变环境，那么，就只能对自己进行改造。在职场中，一旦你萌发出对自己待遇的不满，就应该将这种不满变成改造自身工作态度的动力，在并不令人满意的环境中，为自己做出恰当准确的定位，并积极行动起来，提升自身的工作品质，从而实现自身的工作价值。

2. 要懂得循序渐进坚持不懈

很多人都曾经下决心改变自己的工作态度，然而，在最初的积极奋进之后，不少人都选择了中途放弃。这是因为他们没有意识到，改变态度不可能一步到位，需要渐进地落到实处。职场人应该对自己的工作态度提出能够接受的最低要求，然后再对自己逐步提高要求，这样，和理想中的目标逐渐缩小差距，最终达到对整体工作态度的改变。

3. 要养成对结果的看重

端正态度，意味着工作者对工作结果充分负责，能够克服自己私人利益带来的干扰，自觉主动地保证工作结果的质量。职场人要用客观的态度去面对自己的工作结果，对结果进行分析、评价，并将这种分析和评价反馈到自己工作过程中。这样，每一次对工作结果观察评价的过程，既是对自己工作态度改变的一次机会，同时也是对工作待遇改变的机会。

态度的改变，意味着你工作行为的改变，也意味着你在企业中价值的改变。当这一切都如同车轮那样转动起来后，最终，你迎来的将是态度和价值的必然变化。

第二章

企业不需要“职场滞销品”

嘿！别弄得自己像滞销品一样

企业和员工之间，并不仅仅是表面上那种简单的交换关系，从深层次来看，他们更应该是一种共赢的关系，这种关系基于合作的诚意。因此，员工对于企业来说，犹如生命整体的一部分，只有当员工积极向上、乐观畅达，企业才有可能变得更加健康，迅速地发展；反之，如果其中有员工总是消极萎靡，企业就会产生问题，正如同细胞发生病变必然会影响整个机体一样。这样，对于那些病变的"细胞"，企业要么进行改变，要么予以去除。

因此，身为员工应该意识到，你对自己的价值有着怎样的态度，企业就会用怎样的态度来看待你。不少人因为自己进入的行业或者企业而感到自己是"失败者"，或者由于自己目前的境遇而灰心丧气，实际上，这种错误的"滞销"心态，都会对其未来的职业发展产生不良影响，甚至让他失去所有能够提升自我的机会。

你应该记住，在当今职场中，最容易滞销的是下面五种人：

第一种，不善于学习的人。在知识爆炸的年代，如果缺乏学习能力，那么就很容易被淘汰。

第二种，情商低的人。如果一个人缺乏足够的沟通能力、合作能力和交往能力，那么他的个人奋斗是很难成功的。

第三种，心理承受力不足的人。这种人常常自我封闭起来，不愿意面对困难和压力，无法承受成长过程中的失败。

第四种，缺乏职业生涯设计的人。这种人从未用认真的态度对待自己的职业生涯，没有形成完整的设计，因此，也就影响了自己在职场中的价值体现。

第五种，注意力不集中的人。在职场中，如果你不能运用专注的态度，让自己成为注意力集中于解决工作问题的那个人，就很难从自身的工作过程中获得应有的尊重和待遇。

如果你能避免上述五种问题，就不可能成为职场中的“滞销品”。正因为如此，你更不应该在还没有努力之前，就轻视自己在职场中的地位，轻视自己的本职工作，认定自己是职场滞销品。实际上，同样的工作岗位，对于那些以不同心态看待自己的人，也会表现出不同的工作效果。

20世纪30年代，日本有一位叫原一平的普通年轻人，因为个子矮小，在被多次拒绝而苦苦哀求之后，终于进入了保险公司担任推销员。由于他其貌不扬、口才笨拙，周围的同事和上司都觉得他不是什么可造之材，甚至连原一平自己也觉得自己是天生的失败者，没有办法在任何行业中成为优秀员工。

但是，经过一段时间的消沉之后，原一平开始反思。他觉得，如果自己一开始就认定自己是被淘汰者，那又怎样能使现状加以改变？这样一想，原一平豁然开朗，他决定看到自己的价值，找到保险工作对社会提供的价值，并用积极的优秀者的心态去面对工作。

为了改变自己，他开始每个月请周围的不同同事、客户吃一次饭，请他们对自己进行批评，指出自己的毛病。尽管这样的“会议”经常让他感到难堪不已，甚至是伤心沮丧，但他还是将压力转换成为动力，对那些批评的出发点进行记录，并从这些出发点开始不断自我反省和学习。逐渐地，由于转换了心态，“滞销品”开始改变了。1939年，原一平终于成了保险销售业界的日本第一。而从1948年开始，他竟然做到了连续15年保持全日本保险销售个人业绩第一的神奇业绩。

原一平的经历告诉我们，想要做好自己的工作，获得应有的回报，首先要做到的是对自己的价值予以肯定，对工作的意义予以充分肯定。这是因为，看起来再弱小的人，都会有他的优点和特长，看起来再普通的工作都有其存在的意义。只有找到自己的优点和特长，支撑起自己的信心，然后面对工作，找到其意义，打破原来蒙蔽在你眼前庸庸碌碌的魔障，那么个人发展的前途就会变得豁然开朗。

一个人如何看待自己，对自我价值就有怎样的衡量。自我价值，是对自己的肯定、对自己的接纳和喜爱程度。一个人想要提高自己的自我价值，就应该做到对自己的喜爱、对自己目前状态的喜爱，这样的态度是非常必要的——如果一个人连自己都不喜爱，也就不可能去喜爱他人，也不可能肩负起应该肩负的责任，带来应有的创造。

提高自我价值、增强自我信心，关键是你的态度问题，找到有效的方法，将会转变自己的态度。

1. 对自己做出明确积极的心理暗示

心理学上曾经有一个著名的实验，在两组完全相同的人像下，分别写上消极和积极的词语。其中，消极词语包括“凶暴”“残忍”“狡诈”“无耻”等，另一组则写上“责任”“顽强”“努力”“无私”等。然后，请两组参加测试的对象分别猜测两组人像的职业，结果前一组的受测者几乎毫无例外地认定他们是罪犯或者歹徒，而对后一组则认定人像为英雄、楷模，等等。这说明，一个人所接收到的语言暗示，将能够改变他对事物的认识。因此，职场人不妨用积极的言语来暗示自己的态度，即对自己心理中正面的能量加以强化。例如，时常用自我激发的言语来对自己进行提醒，这样，消极的态度就会得到遏制，而积极的态度就能得到有效建立。

具体可以采用下面的话语来改变对自己的认识，如“我喜欢我的工作”“我是负责的员工”“我是最优秀的”“我会成功”等，这些语言可以根据不同人所面对的实际情况和工作需要进行组合，但总体上要达到的效果就是激发个人的自信、激励前进的勇气。

2. 对自己的角色进行设定

想要让自己发自内心地承认自身价值和工作价值，你还需要为自己找到一个职场上的榜样，这样的榜样并不一定是那些著名人物，也可以是你身边的某个优秀员工、某个资深前辈，或者就是你想竞争取胜的对手，不妨在对自己的工作岗位产生轻视的时候做出这样的自省："如果是他在这个位置上，会做出怎样的行动、会有怎样的想法？"通过这样的内心比较和评价，你也能得到显著提高和进步。

3. 将自身成功的经历视觉化

不妨多回忆自己在工作上取得过的点滴成功，并将其过程变成一部可以在脑海中不断"播放"的视觉化景象，每天及时重放，从而不断增强对工作价值的认定，提升对自我目标实现的信心。实际上，通过这种想象，人们不仅能够想象到未来的成功目标，同时也能及时发现自己在工作中收获的充实和快乐，看到自己在企业中的重要性，并就此让自己走上更高的起跑点。

健康企业的秘密

怎样的企业才是健康的？这个问题不同的人有不同的答案，有人说，企业的健康标准在于其是否赢利，也有人说，企业的健康标准在于其提供的产品和服务是否具有竞争力。但除此之外，企业是否健康，还要看这个企业有着怎样的组织文化，有着怎样被员工共同认定和接受的价值观。

综观历史和现实发现，那些健康发展、持续卓越的企业，都有一种能够激励、引导和约束员工的行为机制，这样的机制，能够让员工的态度和行为受到企业整体的影响。在这种健康发展的企业中，似乎形成了统一强大的磁场，能够将员工进行同化，改变他们身上原有的错误工作态度，并让先进的工作态度融入其工作行为中。

同时，也需要员工用正确的态度和理念去积极营造。这是因为任何一家企业都是由众多员工所组成的，将员工的工作行为、工作观念加以组合、融入，就形成了企业的集体意识，并能够对整个企业的文化做出塑造和改变。

因此，积极健康的企业总是有着良好的文化影响力。这种影响力是双向的，一个员工具备了良好的工作态度，就能对这样的文化影响力做出积极的回馈，同样，当一个企业有了正确的文化影响之后，又能对员工的工作态度发挥促进改变作用。这样健康发展的企业，才能为其中每位员工带来个人事业的成就；反之，只有每个员工工作态度端正，才能形成这样的健康企业。

中国的海尔集团，就是这样健康发展的企业，在海尔工作，你能够感受到其中每个员工的工作态度端正带给企业的实际变化。

某次，一家德国经销商给海尔的总部打来电话，提出了相当“过分”的要求，对方要求说，所有的货物必须要在48小时之内发货，否则订单就将取消。这个要求几乎是不可能做到的，这意味着在当天下午，产品就必须要装船，而此时已经是周末的两点了。按照海关、质检等部门下午五点下班的时间来计算，剩下的时间也只有三个小时左右，在这短暂的时间内走完所有的流程，几乎是不可能的。

然而，海尔企业的文化影响着员工，员工们的积极态度也不会因为挑战和压力而失去，他们决定将不可能变成可能。

就这样，海尔的员工没有任何抱怨，开始积极行动。他们按照部门和岗位的职责，各自负责完成工作，有人调货，有人报关，有人联系货船，而管理部门则用最为统筹的科学方法，将整个准备的时间都加以充分高效地利用。这样，在短短的三个小时内，海尔终于赶在政府部门下班之前，完成了所有准备工作。在五点半左右，德国经销商接到了来自海尔的消息：“货物已经发出。”这让经销商感到惊讶和感激，因为如此之快的发货速度，超乎他的想象，也挽救了他的生意。为此，他专门写了感谢信给海尔总部。

其实，海尔之所以能够从一个曾经濒临破产的小企业成长为国际性的集团，其原因就在于企业自身有着积极向上的员工群体。

是的，一个积极向上的员工群体，是构筑一个健康发展企业的基石。但对于不少职场人来说，他们并没有真正理解员工和企业的关系。在他们看来，企业是否发展健康，最重要的是老板，最关心的也是老板，而作为员工，给哪家企业工作都是一样的，无非是企业赚钱的工具。然而，这种理解未免太过于狭隘了。事实上，企业并不是老板个人的财富，而是社会发展的必需，通过企业，不同个性、不同才能、不同背景的员工才能走到一起，相互协作，发挥个人的最大价值。也正是因为如此，企业发展健康，其中的员工才能得益，而员工工作态度端正，企业才能发展健康，无论世界上哪家企业，和员工的关系也概莫能外。

因此，员工和企业不仅不是各自对立的，也不是相互割裂的，而是息息相关的。当你进入一家企业之后，你工作中的一举一动、工作中的不同想法，都和企业是否能够向上发展有着紧密的联系。只有积极向上的员工，才能让一个企业从平凡走向杰出，也只有这样的企业，才能不断给予员工他们想要的丰厚待遇。

想要成为企业健康发展的动力，职场人需要有下面的认识。

1. 企业中没有不重要的员工

如果你觉得自己是企业中基层的员工，而因此缺乏对企业发展的导向，并因此忽视自己对企业的价值，那么，你很可能已经成为了企业健康发展的负面因素。正是由于你不愿将自己的工作态度和企业发展方向相联系，你才隔断了和企业同呼吸共命运的机会。事实上，企业既然聘用了你，那么就是需要你的，整个企业的健康发展等待着你的积极态度来予以支撑和奉献。因此，企业中没有不重要的员工，每一个企业的员工都是企业整体走向成功的坚强动力。

2. 企业集体利益更重要

相对于员工个人来说，企业的集体利益更为重要，这一点无可否认。虽然对于我们每个人来说，个人利益必须要予以重视，但对于企业来说，其是否健康发展影响着更多员工，也取决于更多员工。因此，如果没有企业对自身利益的追求，那些有着良好工作态度的员工，其自身利益也就难以从企业健康发展中受益；同样，没有企业的集体利益，即使你做到了端正工作态度，也很难找到应有的平台来施展，并无法从自己的工作态度中得到物质奖励和薪酬。

3. 学会关心企业的健康发展

虽然你不是企业的老板，但作为员工，关心企业是否健康发展，同样是你的义务和责任。一方面，企业健康发展的动力是包括你在内的每个员工；另一方面，企业的健康发展能够促进你个人的利益提升。因此，学会将眼光多放在你和企业利益之间的联系上，才能做到真正融入企业，让自己工作态度的改变带来企业的良性发展。

不要消极地对待工作，不要偏颇地看待企业和你的利益关联，扮演好在合作中的角色，你才能用优异的工作态度打造出双赢的工作局面！

提升待遇与创造业绩是一种双赢

双赢，是一种伟大的思维。所谓双赢，追求的并不是简单的胜利和失败，更不应该是将自身的利益获取建立在对他人利益剥夺的基础上。严格来说，双赢甚至并不只是“1 + 1 = 2”的关系，而是个人对成长的追求和企业对业绩的需要在同一平台基础上的高度融合。只有当员工在追求提升待遇的过程中同时做到注重创造业绩，那么，员工个人的价值追求、工作态度才能和企业的需求达成一致，个人才能从企业所给予的工作环境中得到应有的成就感。

在进入企业之后，我们追求的当然包括获得个人的良好待遇。但是，现代社会是极为提倡平等交换的社会，作为一个员工，只有想方设法让自己对良好待遇的热情转换成为对工作的激情，并将这份激情融入到工作过程中，才能做到摆脱借口，亲近忠诚和责任，将工作中的身心彻底交给企业，为企业着想，帮助企业获取业绩。这样，任何一个企业老板都会让他成为支柱，并给予他更好的待遇空间。

能做到这种双赢追求的员工，才能关注企业的成长和发展，一如他们关心自己的真正利益一样。也只有这样的员工，才能全程参与企业的奋斗过程，并和企业同甘共苦。可以说，具备这种双赢态度的员工，是每家企业都看重和需要的。

1999 年年底，李彦宏怀着做中文搜索引擎的理想，从美国硅谷选择了回国创业（放弃了在美国硅谷的优越待遇，毅然选择了回国创业）。他应用辛弃疾的词句，给自己设想中的搜索引擎取名为“百度”。

在这家新的公司中，员工们用近乎完美的工作态度苦苦创造、追寻和坚持，他们钻研着每一个技术难题，破解着每一道前进路途上的阻碍，这是因为他们眼中不仅仅有着个人追求的待遇提升，同时也有着企业生存和发展所须臾不可或缺的业绩。

五年多过去了，2005 年，百度股票在美国纳斯达克证券上市，原发行价 27 美元，开盘价格就上升到 66 美元，而当天的收盘价，百度的股价定格在了 122.5 美元。公司整体市值达到了 39.58 亿美元，股价上升了 3.5 倍之高。这个数字创造了全美股市自成立 213 年以来外国企业单日涨幅最高纪录，同时，还成为了美国股市上市当天收益最高的股票之一。

这一刻，百度成功了，老板李彦宏成功了。同样，创造百度业绩的员工们也成功了。按照当天的价格计算，百度公司总共有了 7 位亿万富翁、上百

名的千万富翁和更多数量的百万富翁。据说，百度公司一位有员工股权的清洁工大妈，在这一天之后不久，就买了一辆帕萨特上下班，而她的劳动工具拖把则被小心地放在汽车后备箱里面。

其实，在李彦宏回国的那一刻，有几个应聘百度的员工可以想到这一刻的待遇？他们中的大多数人只是怀揣着心中的工作态度，默默追求着个人回报和企业收获的共赢，同企业一起度过了艰苦创业的阶段，用共同的工作努力和业绩表现换来了企业所给予他们的回报。最终，当双赢局面到来时，企业和他们一起收获了了不起的成功。

当然，不可能每家企业都会成为百度，也不可能每个职场人都会成为百万富翁、千万富翁。但百度的例子告诉我们，与其不断选择新的平台，或者在一个平台上“躺下”试图混日子，不妨依托一家好企业，在那里充分发挥自己的工作热情，实现自己的价值，努力创造业绩，和企业共同成长。那些能够更早认识到自己和企业是双赢关系的员工，能够将自己和企业结合在一起，从而给自己优秀的工作态度带来更为持久的动力。

那么，什么样的工作态度，才能帮助我们和企业形成双赢的局面呢？

1. 员工不应该寻找理由和借口去敷衍工作

你应该知道，既然追求和企业的双赢，那么你的工作目标就并非上级要求而规定的，也不是因为规矩所带来的，而是因为你需要通过达成工作目标，从而满足应有的标准，并获得双赢的局面。这样，当职场人一旦发现工作中存在问题时，想到的首先应该是如何去进行解决和弥补，而并非推脱责任。那种推脱和敷衍表面上看来可能让你逃避了问题，但实际上很可能造成你和企业的共同伤害。

2. 应该有更长远的眼光

如果进入一家企业，想到的不是和企业双赢，而是如何从单方面获取自己的利益，那么真正的双赢就不可能实现。作为企业员工，你需要的不仅仅是对个人利益的追求，同时还应该确保自己具备更加长远的眼光，不仅可以看到自己现在的付出和收获，还应该看到当企业发展起来之后你更大的收获。做到这一点，你将不会再孜孜以求于如何单方面获得更多收益，而是会从小到大、从现在到未来去做整体设计，从点滴为企业贡献业绩做起，最终收获通过艰辛努力而得到的成功。

3. 必要时放弃自己的个人利益

即使在市场竞争中，如果单方面不讲策略，只希望打压对手，强调自身利益，也很容易受到市场规律的惩罚。更不用说在员工和企业处于这种合作双赢的关系中，作为企业一部分的你，更不应该时刻只看到自己的利益而忽视企业的利益。正确的态度应该是：既然要追求个人和企业的双赢，就要摆好自己的工作态度，在必要情况下学会舍弃个人的利益，维护企业的利益，这样才能换来企业长久的发展，并因此而谋求双赢的成功。

想混日子就别来上班了

通用电气公司的总裁杰克·韦尔奇曾经指出，在许多企业中，真正能够称得上态度优秀的员工只有20%左右，表现普通的员工占据了70%，而剩下的10%的员工只是在抱着混日子的态度来“上班”。但是，这最后的10%的员工，最终将被企业所淘汰，因为，他们的存在对于公司来说并不是一种财富，而是一种伤害。

事实的确如此，在目前中国的民营企业中，也同样存在着一些想混日子的员工。他们的共同表现就是工作缺乏应有的积极性，总是抱着“做好做坏差不多”的心态。一个月里面，除了发薪日，很难看到他们激情四射的状态；同时，更多这种类型的员工只是将工作当成身外之物，并没有认真思考过自己为什么来工作、工作的意义是什么。正是在这样的状态下，属于他们

和企业的时间被一点点浪费。最终，对他们自己来说，个人一无所有、事业一无所成；而对于企业来说，为他们支付的薪水成为浪费的成本，他们占据的岗位则成为消耗资本的无底洞。

其实，什么样的态度能够形成什么样的人生。即使一个人原本有着过人的能力，但当他成为抱着混日子的态度去工作的员工之后，就会对手头的工作变得毫不关心，对自己应该负责的项目随便应对，即使产生错误也不会引起他的警惕。在这样的工作状态下，会导致他们的工作注意力分散、工作情绪委靡不振，只希望日复一日地重复下去，并求得表面上的安稳。可见，这种混日子的态度，首先伤害的是个人的潜力，其次也大大降低了员工自身在企业中可以发挥的价值，断送了他们的前程。

因此，一名优秀的员工绝不可能用“混日子”的态度来工作，与此相反，他们希望在每天的工作中都能找到新的动力和目标，并用满腔热情、高度责任感去看待工作。这样，他们就不会只是将工作看成职业，而是看成自己发展的事业，并在不断对工作任务的完成过程中实现个人的事业进步。

与此相反，那些混日子的员工最终面对的结果很可能是严峻的。

Z是一家金融公司的销售员工。当他刚进入企业时，对工作充满热情，并希望能够获得个人业绩和待遇的提升。然而，在两年的工作之后，他对工作内容感到越来越厌倦。对于Z来说，他觉得自己整天总是在枯燥地执行上司的意图，包括开发新客户、维护客户关系、拿下订单……即使企业开出的提成并不算低，但这也没办法让Z点燃对工作的激情，他开始想在公司内找一个没有那么大压力的工作职位得过且过地混下去。

很快，Z开始在自己的岗位上混日子了。由于对销售人员的出勤考核制度不可能那么死板，因此他总是每天睡到上午九点多，然后起床再去公司。周一，当其他同事已经开始分解工作任务、安排工作计划时，Z却不慌不忙地在网上到处瞎逛，美其名曰在开发客户。而当其他同事纷纷去拜访客户的时候，Z也以拜访客户的名义从办公室消失了。

Z之所以有这样的“底气”，也并不是完全没有理由，在他之前的两年工作中，他做下了好几个大客户的订单。目前，这几个大客户的采购代表和他关系很不错，经常通过他提出维护产品、追加服务的订单，也会提出对新产品的需求。因此，在Z看来，就算自己这样边玩边混，赚到的底薪和提成还是比那些普通销售要好得多。

就这样，Z混了有半年之久。在这半年中，他几乎很少真正考虑业务的事情，也不怎么学习，更不注意和客户之间的联系沟通。他整日满足于自己能拿到的底薪和提成，而无视上司好几次给出的暗示。

到了年底，公司忽然通知Z，他可以不用上班了。这个解雇是公司董事会做出的，由人力资源部负责通知个人，Z这才慌了神，他争辩说那几个大客户的订单都是自己带来的。面对他的争辩，人力资源部经理则一脸严肃地说，关于这几家大客户的采购代表关系的维护，公司早就交给其他新进的同事了，因此，这些业务的成就只是算在他的名下而已，实际上根本和他没什么关系。对于Z，经理还补充了一句，说：“这大半年来，公司希望看到你状态的改善，因为我们认为每个人都是有低谷期的，但很遗憾，我们没有看到你作为员工应有的态度。所以，我们只能解雇你。因为如果每个员工都想混日子，那么世界上恐怕就不会有企业了。”

Z在企业中是典型的混日子员工。这表现在他既对自己的职业生涯毫无规划，同时对手头的工作也缺失了应有的目标和动力，只想在既有的成绩上慢慢混下去，而并非积极主动地去为企业创造业绩。这样的态度，又怎么可能不被职场所淘汰呢？

作为企业的一分子，你应该具备积极主动工作的精神。在日常工作中，不应该满足于工作在表面上“混”好，而是要采取不同的方式将工作做到最优秀，尽自己的最大努力将自己的智慧和精力奉献给企业，实现业绩的最

大化。

在工作中，与其抱着混的心思，还不如辞职回家。为了避免类似Z的失败，职场人应该采取下面的方式远离混日子的心态。

1. 制定详细而具备可执行性的工作步骤

在企业的日常工作中，会将整体工作目标划分成为不同的详细目标，分解到员工的岗位上，但是，是否能完成这些目标，还需要员工个人的努力。员工应该在确认这些目标的基础上，详细制订好有充分执行空间的步骤，并按照阶段对这些步骤进行一步步操作和实现。每次完成一个步骤之后，都要为自己树立下一个步骤的目标，并预先防范步骤中可能的错误。这样，就会获得不断更新的成就感，能够对工作有着不断的崭新认识，并保持充分的工作热情，而不是得过且过。

2. 要学会不断对自己提出新的要求

通常来说，那些想要在企业中混日子的人，有着各自不同的原因：有的人是觉得自己对企业的贡献已经足够大，有的人则是觉得困难太多，还有的人觉得自己家庭的经济情况很好不需要努力……但是，他们都有着共同的表现，即很少对自己在工作上提出什么新的要求，而是躲在自己那个没有工作的世界中。

其实，真正优秀的工作态度，应该摒弃其他干扰，不考虑其他方面因素，在工作上不断地对自己提出新的要求，提出新的目标，主动适应新的压力。这样，你才不会因为丧失前进的目标而拒绝学习和工作；反之，当你不断适应了新的工作压力、产生新的目标之后，就会不再安于现状，而是主动适应更高的要求，混日子的状态也就不会有了。

3. 主动融入整个部门的团队中

值得注意的是，那些喜欢混日子的员工常常表现出对团队集体的不屑。他们不愿意融入团队和同事们一样努力，为此，他们还会编造出种种的理由表现自己对集体的不满或者批评。但这样的表现，显然会让他们在团队成员心中的形象一落千丈，并因为拖了业绩的后腿受到同事的冷遇。

为了防止这样的情况出现，员工应该积极地投身团队中，在工作中和同事们主动合作，获得集体的力量鼓励和支持。另外，在社交上也应该和同事们产生良好的互动关系，形成积极的工作情感，这样就能在自己松懈的时候得到他人善意的提醒、有力的鞭策，将懈怠心理消除在萌芽时期，并保持对工作应有的热情。

看看老板是怎么工作的

无论是在生活中，还是在学习和工作上，每个人通过模仿而学习到的知识，往往比通过其他的学习方式所获得的知识要更加有效集中，更能促进一个人的改变。同样，在企业中，一个优秀的老板，也能够让员工受益无穷，这种受益并不仅仅表现在提供员工的工作机会、发放他们的薪酬、奖励他们的积极表现；同时，还表现在其具体的工作方法能够让员工学习到更多工作技巧、工作经验上。而对于员工来说，向老板学习，不仅是因为他是企业的核心人物，同时也因为他足够优秀。

在职场中，职场人最需要的既不是老板的青春，也不是老板的外貌，而是他们能够不断为企业输出多少知识和能力。但是，知识和能力不可能在离开学校之后长期保有，他们同样需要不断地实践、学习和掌握。这种过程并非如同取得某种证书那样的学习，更重要的在于实践中不断探索、总结。而这样的过程，正是每个老板都在实践的。这种学习的态度，也是每个老板想要获得继续竞争的实力的必要态度。而在职场中，和你利益真正统一的人正是老板，也只有老板愿意在职场中教给你更多东西。因此，职场人有必要抓住这样的机会，从老板这位最近的老师身上学习到更多，向他学习得越多，你的工作态度可能就会得到越强的改变。

小程在某家房地产公司工作，她负责参与市场营销方面的工作，虽然待遇不错，但自己却总觉得委屈：毕竟自己毕业于名牌大学，而老板却只是一个拥有高中学历的“土包子”，他能够发财成功，不过是占了时代的便宜。

然而，随着工作的逐渐深入，小程发现，老板似乎并不仅仅是表面上那样简单。许多营销问题，自己和同事甚至包括部门领导都还没有厘清脉络，老板却能一语中的，找到问题的关键，并指导他们怎样和问题中最重要的部门、客户、合作者进行沟通交涉。除此之外，小程还发现，老板对谈判相当重视，很多谈判老板都尽量抽时间参加，并由于他的参加而取得优势。

总体上来看，小程总结了老板在工作上远远领先于自己和其他同事的特点：

(1) 老板工作总是脚踏实地、实事求是。他从来不会欺骗他自己，因为他从事的是自己的事业。

(2) 统筹能力强，老板每天要面对许多问题，因此他早就准备好了理性的逻辑结构来面对这些问题并进行分类。

(3) 随时随地收集信息。老板对自己的工作非常关心，对于有关的大事小事几乎都加以不同程度地收集，这样，他确保自己既能掌握事情的整体，又能了解细节。

(4) 由于老板个人的事业和企业工作紧密相关，因此，他们对待工作客观、认真而负责，总是给人以大公无私的感觉。

(5) 老板对待工作和生活都有理想和追求，并且乐于接受挑战，愿意承担风险但又保持应有的理性和谨慎。

(6) 珍惜时间，他们不会也不愿意将原本宝贵的时间浪费在对自己事业没有促进作用的事情上。

(7) 能够很好地控制和稳定自身情绪。很少在他人面前抱怨，即使遇到困难，也总是保持端正态度，用坚定的信念去设法对瓶颈加以突破。

在分析完老板对待工作的优点之后，小程将她的工作态度和自己做了对比，发现自己虽然在学历上超过老板，但在工作态度方面和老板有着很大的差距。通过这样的对比，小程明白，老板之所以能够成为老板，有着其客观存在的优势。只有多观察和学习老板在工作态度上的优点，并将这样的优点结合自己原本的工作经验、工作能力，作为员工的自己才能变得更强大。

就这样，小程后来不断学习和总结老板对待工作的态度，在一年多以后，她的工作业绩开始飞速上升。虽然后来她因为个人职业发展而选择跳槽到另一家规模更大、业绩更好的公司，但她明白，从老板那儿学到的工作态度，将会帮助她在工作中发展得更加顺利。

上述案例告诉我们，即使在那些缺点很明显的老板身上，都有着值得自己学习的态度优点。这是由于老板所处的位置决定的：每个老板背后都有起码一家企业，而这家企业的兴衰会直接关系到其个人利益，因此，他必须要对企业负责，起码在工作态度上他有着普通员工所不具备的优点。如果员工能够时刻向老板学习，那么，工作时就会表现出不一般的良好态度，进而逐渐成为老板眼中的优秀员工，并从老板那里获得更多的认可、更好的待遇。反之，如果总是将老板看作外人，认定你和老板之间只是雇佣关系，那么老板的任何工作态度在你眼中都只是自私自利，不值得你学习，更没有办法让你变得更加优秀。

因此，职场人不妨通过下面三个方面来做好对老板的模仿和学习。

1. 改变你对老板角色的定义

传统文化影响下，中国职场中的员工很容易认为老板就是善于算计、善于剥削的雇用者，也因此常常将自己放在老板的对立面。实际上，你不妨重新定义你和企业老板的关系，将老板看作对你的成长能够施加影响的引导者、培育者和监督者，将他们对你的压力看成对你工作态度改变的动力。这样，你将能够心平气和地看待老板，并愿意观察他的工作态度。

2. 选择优秀的老板学习其工作态度

也许我们一开始并不容易接触到那些最为杰出的成功者，但我们不妨在职场圈子中先选择离自己最近的上司，将他们看作自己事业的领路人，寻找更多的机会和他们一起工作、接触，这样，你将能够为自己创造更多的契机，去学习他们的态度。不妨注意观察他们的言行举止、工作习惯，观察他们是怎样处理、对待和评价工作的，这样，你将会发现作为管理一部分乃至整体企业的老板和普通员工有怎样的不同。

3. 不妨用老板的心态来要求自己

虽然你现在并非老板，但是职场人应该记住，自己最大的老板永远是自己，需要树立起老板的心态来管理好自己。因此，你可以尝试在工作时积极要求自己、监督自己，随时紧盯自己的工作态度，思考自己的工作结果是否有改进的余地，判断自己还能利用哪些工作资源。当这些看起来原本属于老板思考的问题已经在你日常工作的考虑范围内时，说明你对老板的工作态度已经有所了解和掌握，你正走在积极向老板学习的道路上。

总之，在职场上，老板并不完全是你的管理者，也可以是你的良师益友。当我们每天面对比自己成就更大、工作更加投入的人时，怎么能放过向他们积极学习的机会呢?

高待遇的资本

获得更高的待遇，是每个在职场中努力进取的员工都希望的。然而，成功并没有所谓的捷径，想要获取高待遇，首要基础就是努力做好目前的本职工作。试想，一个员工如果连目前手头上的工作都无法顺利完成，又怎么可能让老板看重和依赖，更不要说提高薪资待遇了。

其实，高待遇都是为企业中成功员工准备的，而所谓成功员工，并不一定是为企业带来突飞猛进变化的员工，也可以是那种虽在普通工作岗位上，却能够承担不断重复的工作任务的员工。看似简单的工作，想要做到最好也并不容易，同样需要保持认真勤奋的工作态度，在实践中不断地练习，而做到这一点的员工，也可以说为企业带来了应有的业绩、获得了非凡的成功，他们同样可以享受应有的高待遇。

进一步说，那些已经获得高待遇的员工，还有着不甘于只能为企业做到目前贡献的态度。他们曾经只是在企业的基层岗位上工作，但他们抓住了工作中的机会，找到了自己可以把握的突破点，从而为企业带来了更大的利润。这样，当他们对企业而言的价值已经有了真正的提升之后，他们的待遇也就有所提高了。而做到这一切，自然也需要他们良好的工作态度。

因此，人们有理由相信，高待遇的资本，并不仅仅是员工身上的某一个特点，或者掌握的某一种人际关系，这些因素可能给你带来高待遇，但很难给你带来长期的高待遇。问题的关键在于，你是否能够保持自己的良好工作态度，促成长期高待遇的维持。

美国石油大亨洛克菲勒年轻时曾在某石油公司工作，当时，他的学历并不高，也不懂什么技术。因此，他只能干最简单的工作：巡视企业中那些油管，并确认这些油管是否被完好地焊接。

这份工作相当枯燥，待遇也很低。洛克菲勒需要做的就是观察油管在输送带上的移动，等移动到操作台时，焊接剂就会从喷口中自动滴落，这些焊接剂绕着管子旋转一圈之后，一次操作就宣告结束，等着下一次操作。洛克菲勒每天都这样来回走动注视着这数百次的作业劳动。

几天之后，洛克菲勒感到自己的待遇低且从事的工作也很无聊，为此，他差点想到了跳槽，但他同样想到，现在以自己的水平、能力和经验，无法胜任真正更高工资的工作。于是，为了获得更好的待遇，洛克菲勒开始研究起自己的观察对象来。他发现，每个油管都需要整整39滴焊接剂来进行焊

接，如果能够想办法减少焊接剂的使用，岂不是可以为企业节省不少成本。于是，经过一番深入研究，洛克菲勒发现，对焊接机器进行改装，可以达到用37滴焊接剂就能够焊接好油罐的效果，但后来他又发现，这样的机器会导致油罐漏油，因此很不实用。于是，洛克菲勒继续对机器进行改装，研究出了38滴焊接的技术。这样，新的焊接机器开始在整个企业推广，虽然节省的只是一滴焊接剂而已，但这样的技术革新却为企业常年的生产开支带来了大幅度的下降，使企业获取了每年更高的利润。而身为技术发明者的洛克菲勒，当然也成为了公司老板依赖和相信的人。

洛克菲勒起初对自己的工作待遇感到不满，但他之所以和那些庸庸碌碌的员工不相同，是因为他考虑到自己的工作态度和工作业绩以及工作待遇之间的重要关系。不管任何人，当他们面对停止上升的工作待遇时，采取不同的应对观点就会有不同的结果和收获。如果我们对于待遇的提高有强烈的目标意识，那么，我们就会集中精力，并运用过去积累的一切相关知识和经验，利用正确的工作态度，集中注意力在自身工作上形成有效突破。

职场人可以通过下面的方法，让自己获得争取到职场高待遇的资本。

1. 要有真正获得高待遇的企图心

不少职场人经常羡慕他人的高待遇，并在表面上看起来有着同样的追求。但事实却并非如此，他们对那些高待遇仅仅停留在一时的羡慕上，而并没有产生应有的企图心，希望通过自己的努力来换取。为此，你应该做到对高待遇不仅仅有羡慕，更要形成持续、强烈的企图，在这种企图的推动下，形成专注的自我改变意识。这样，高待遇对你来说就并非金钱的数字，而是自我职场生涯的变化，更是工作态度的变化。

2. 设计出能够为企业创造更高价值的途径

一个人能够获得的待遇是有限的，但这种限度并非完全由企业为你设定，而更多是由每个人自己为企业创造的价值所设定。因此，如果职场人认为自己有理由获得更高的待遇，那么就应该想方设法让自己为企业创造出更高的价值。例如，在本职工作上有所创新、为企业降低成本、通过努力工作完成更好的项目业绩、发现并确定企业的大客户，等等。只有为自己创造出一条能够给企业带来更高价值的途径，你才能得到企业反馈的更好待遇，而这样的途径显然是优秀的工作态度带来的。

3. 能够意识到重塑工作态度的重要性

或许你目前的工作看似简单枯燥，离高待遇有相当的距离，但这样的距离并不代表你无法获取高待遇。这是因为虽然你在执行工作，但缺乏应有的工作态度，而任何简单的工作一旦缺乏了应有的态度，就会变得更加缺乏价值。因此，想要让你手中的工作从简单枯燥变得富于价值进而变成你个人的资本，就要重塑自己的工作态度，让好的工作态度带给你更多的“附加价值”。可以说，这样的附加价值，正是我们每个职场人重塑工作态度的重要意义。

第三章

诠释态度，破译高待遇密码

认识（Understanding）——态度的起点

在古希腊雅典附近的神庙中，刻着这样一句看似平淡无奇但却意义深刻的名言——“认识你自己”。的确，职场人如何去认识自己，体现出其工作中有怎样的注意力去观察自我。这种对自我的认识，目的并不仅仅在于帮助自己更好地工作，还在于认识真理，达到生活上和精神上的最高境界。在中国的传统文化中，“自知者明”始终是哲人们追求的境界，而在职场中，每个人对于自己的认识也始终处于无尽的探索过程中。尤其是在现代社会中，忙碌的工作和生活让人们感到没有思考的时间，越来越接近于迷失状态，而对于自我的迷失，很可能导致工作方向的迷失。因此，更需要做到充分地观察自我和认识自我。

在当代社会中，不少人都希望在职场中找到自己正确的工作态度、工作方式，从而做到快乐工作和生活。想要做到这一点，我们就需要做到充分的自我分析，这是因为只有足够了解自己，每个人才有可能走好自己的职场道路。在工作中，当你明白了自己需要怎样的工作前景，并为此准备了相关工作条件时，你才能充分努力地去达成这些梦想中的工作目标。同样，那些研究职场人心理的科学家经过研究和探索也发现，在职场中，善于对自己做出正确观察和定位的人，往往会因为能够正确认识自己而更加勤奋和努力，并且善于做出积极思考，对职业生涯中每一个阶段都能够谨慎把握住细节，保持正确的工作态度，从而主宰自己的发展前途。通过这样的变化，成功也就能自然而然地到来。

其实，全面而准确地认识自己，带来积极的工作态度，这并不奇怪，因为职场上所有的变化都发自我们自身，这足以证明对自我认识的重要性。在不同的职场环境下，对自己能够做出多深的认识，就会将自己定位于怎样的角色，而你的职场轨迹也就会朝向那种定位的方向发展。

在对自我进行认识的过程中，职场人应该避免陷入“巴拉姆效应”中。所谓巴拉姆效应，来自于一位叫做肖曼·巴拉姆的著名杂技师。他谈论自己的表演时曾经这样说，之所以自己受到欢迎，是因为在自己的节目中，尽量包含了不同人群的喜爱成分。这样，就能确保在节目中每一分钟都能吸引每位观众。这种现象说明，人们总是习惯于用那种不甚明确的、一般性的描述来决定自己的认识结果，误以为这种描述揭示了自身的特点，而心理学上将这样的倾向称为“巴拉姆效应”。

巴拉姆效应相当普遍，曾经有位心理学家在给一家企业的员工做完了多项人格测试之后，拿出了两份不同的结果，让参加者判断究竟哪一份符合自己。其中一份是参加者自身结果，另一份则是大多数人回答的平均结果，而大多数参加者则认为那份平均结果更接近于自己。

这说明，很多人在对自己进行认识时，并没有真正站在客观的角度上。相反，他们对自我的认识，很容易受到其他人的暗示。例如，当职场人在工作中遇到困难，情绪比较低落的时候，经常会感到自己对工作失去了控制感，这样，他们的安全感就会受到影响。而一个缺乏足够安全感的人，其心理上对于其他人和周围环境的依赖性会大大加强，而更容易受到暗示。这样，我们就难以做到明确地对自己或者周围环境做出准确的认识了。

的确，在工作中，人们不可能总是将自己放在绝对中立的位置来认识一切，也难以时时刻刻去对自己进行反省。因此，对他们来说，更需要借助外界的信息反馈来认识不同事物。但遗憾的是，这种信息经常产生过多的误差，导致人们容易产生认识上的偏差。由于认识产生了偏差，工作态度上产生偏差也就并不奇怪了。对于这种现象，我们可以看成是许多人心理上容易产生的错误，也可以看成是一种认识过程中的误解和假象。

小秦在公司负责档案整理工作，她刚开始工作时，觉得信心十足、充满激情，但随着时间的推移，她开始觉得力不从心，并认为自己在公司中扮演着最苦最累的角色，总是做那些没有人愿意负责的枯燥整理工作。因为受到这样的思想影响，小秦的工作态度也发生了变化，她对档案的整理越来越马虎，甚至好几次人力资源部门来调取档案时都差点发生了差错。

在发现小秦的问题之后，她的主管领导专门带她在公司转了一圈，小秦发现，几乎每个部门都在辛勤忙碌地工作，连公司的董事长也忙得连吃盒饭的时间都没有。经过半天的观察和了解，小秦发现，是时候对自己做出正确认识了……

的确，想要树立正确的工作态度，首先要能够客观真实地认识自己和环境，并避免产生“巴拉姆效应”，重点应该做好下面几点。

1. 培养自己收集信息的能力和判断力

想要正确地形成对自己的环境的认识，你需要拥有理性、明智和审慎的判断力。而这种判断力需要建立在对收集的信息进行准确的决策的基础上。因此，收集信息对于判断力有着不容忽视的作用，没有足够的信息收集能力，就难以形成良好的判断能力并产生应有的认知。

我们不妨从对自己收集信息的能力进行锻炼，有意识地训练自己获得比以前更多的信息，从而帮助自己从更多角度来得到认识结果。

2. 通过重大事件来认识自己

每个人在职场中都可能遇到重大的成功，抑或惨重的失败。通过这样的重大事件，一些人能够获得应有的教训和经验，帮助自己了解和认识自我，包括对自己的个性和能力进行认识，从而发现自己更多的优点和缺点。职场人需要做的是在经历过成功或者失败之后，都能够淡定地从中发掘自我和周围环境的特点，从而获得对工作岗位、职业趋势更加全面真实的认识。

情绪（Mood）——态度的支柱

职场的组成者同样都是人，但却有着不同的人生态度。由于人生态度的不同，很可能使人在面对相同的工作环境时产生截然相反的工作态度。

在决定人生态度不同的诸多因素中，情绪是其中最重要的因素之一。曾经有人提出，情绪是态度的调节阀，这句话相当有道理。当人们在工作中表现出具体的态度时，不可能不受到其感情变化的影响，而这些感情又会因为工作中累积的不同遭遇，不断产生新的变化方向。例如，由于工作环境中因素的变化而产生的愤怒、怨恨、悲伤、嫉妒、压力、担心、恐惧等，相反，也有可能产生积极、欣喜、激动、努力、轻松等情绪。除此之外，在工作中，还有可能产生更多自身无法表达、无法解释的内心情绪，这些情绪都将会在无形的过程中影响每个人的工作态度。其中，良好的情绪能够让职场人重塑态度，看到工作发展的希望。反之，那种郁郁寡欢的情绪，很容易让人用消极态度去面对工作乃至人生。

这种情绪的对比，即便在最普通的工作职位上，也表现得明显。

小徐是某办公用品销售店的员工，他每天的工作就是不停地帮助顾客清点销售出去的纸张、簿本、签字笔、印刷材料等，谈不上有什么新意。但许多第一次接触小徐的客户，都会被他的快乐所感染，因为他总是以自然、真诚和发自内心的微笑来面对自己的客户和同事，而这种微笑从他上班以后始终如此。这种快乐的态度，感染了小徐周围许多人，有人曾经问过他，为什么对如此毫无变化的枯燥工作都能产生这样的快乐情绪，究竟这份工作有着怎样的内容能让他充满热情。对此，小徐回答说："店里每次经过我的手卖出一份办公用品，我就知道一定有人会在它们的帮助下完成工作，并从中获得成就感和充实感。那么，我也就感到自己的工作所产生的成就，这当然是值得高兴的事情，我有什么理由不保持一份快乐的情绪呢?”

正是因为小徐保持着自己良好的工作态度，这家店因为有了他，而获得了越来越多客户的关注，名声也开始变大。不久后，公司任命他担任店长助理，后来又成了店长，而小徐的工作态度却始终没有改变。

拥有良好的情绪，你才能在工作中成为一个热情、乐观和亲切的人。这样，当你面对工作时，才能因为充满好情绪带来的感恩和珍惜、知足和快乐，做到主动进取、充满敬业精神。在这样的情绪带领下，你将能够享受更多的工作乐趣：工作不仅仅是为了生存，也是为了获得精神上的享受。如果在工作中，对待每一件事都可以保持这种维持良好情绪的态度，认为这些工作给了自己获得良好情绪的机会，并为此表示感谢和快乐。那么，即使你只是处在那些看上去不起眼的工作岗位上，也最终能够因为良好的工作态度脱颖而出，为自己的职场人生奏出最强音。

想要有良好的工作情绪，就应该做到结合自身的性格，让自己远离那些负面情绪，并保持良好的工作心态。下面的几点建议可以供职场人参考。

1. 不要带着负面情绪工作

生活中，人们可能会产生不少负面情绪，但将这些负面情绪带入工作，不仅会让自己的工作态度失去控制，对他人的工作态度也是一种不良影响。这样，不仅会导致工作效率降低，也会将自己在整个工作环境中的形象破坏殆尽，反过来更不容易树立自己正确的工作态度。因此，无论我们在具体的生活中发生了怎样的情绪波动，也要学会不将情绪带入职场，而是要将这些负面情绪关在办公室的门外，及时调整好情绪，端正工作态度，进入正常工作状态中，做好自己的工作。

2. 学会对情绪进行及时冷却

当我们无法在工作中保持良好情绪时，正确的选择并非任其宣泄爆发，而是要学会对自己进行控制、告诫和冷却，让自己的情绪及时平稳下来。例如，做一些纯粹操作性的工作，让自己集中在负面情绪上的注意力得到分散，并得以冷静，然后再对自己的情绪进行准确分析，并找出正确解决问题的方法。其中一些方法相当容易操作，例如，让自己脸上总是挂着微笑，因为微笑能够调节你自己和他人的情绪；或者选择去洗手间或者茶水间，这样可以给自己一个空闲时间来让情绪冷静下来。

3. 从积极的角度来看待影响情绪的问题

我们的不良情绪，大多产生于工作中感觉自己受到了不公平的对待，并由此而产生怨气。但是，我们可以改变观察问题的角度，从相对比较有益的方向去思考。例如，那些看起来是不请自来的问题、困难，实际上也是对你工作能力的锻炼；而他人对你的误解委屈，则说明你并没有充分让大家了解你。总体来说，你虽然因为这些困难失去了一些东西，但你可以通过正确对待来获得更多的利益。找到这些可能，并进行观察，看准解决困难的时机和方法，这样，情绪的冷却和协调就会对工作态度产生更为有益的帮助。

习惯（Habit）——态度的指南针

所谓习惯，是指人们在工作中长期形成的思维方式和方法的总和。既然称为习惯，就说明这些方式和方法具有很强的惯性，这样的惯性能够让职场上的人们不自觉地按照其自身以往的固有反应来处理工作问题、表现工作态度，不论是良好的工作习惯，还是不良的工作习惯，其作用原理都是如此。因此，可以说，工作习惯会在不经意间彻底改变一个人的工作表现，而养成一种工作习惯之后，你的工作态度也会随之向不同方向转变。

习惯之所以如此重要，是因为当你养成良好的习惯之后，能够确保自己为了达到事先设定的目标，而在不断地付出应有的努力。例如，追求有价值的目标，成为工作者的习惯，而在这样习惯的状态下，他们的工作态度也会随之变得足够优秀。

下面是成功的职场人应该为自己打造的10个重要的工作习惯，当养成这些习惯时，你就将走上成功的道路。

（1）在做每一件工作之前清楚其目的。的确，工作态度优秀的人，首先会明确自己努力的方向，然后才会在过程中认真负责。找准自己工作的明确方向和目标，能够帮助你在工作过程中迅速提高和保持自己的工作信心与希望。因此，工作目标准确，才能更好地准备工作。

（2）在做工作决定时要迅速果断，而对决定进行更改时则做到深思熟虑。我们在做出工作决定时，应该先掌握好事物的全面信息，然后迅速地作出决定，避免受到不良心态的干扰。与之相反，在对既定的计划进行更改时，则应该反复分析判断，避免产生错误。

（3）善于倾听他人。即便是和同事的闲聊，也应该养成积极理解和领悟的习惯，通过这样的闲聊，去敏锐发现那些对自己的工作有价值的信息，同时分析出同事对自己的态度、工作的看法等。

（4）有记录的习惯。优秀职场人总是会先在笔记本、日程表上对自己将要完成的事项进行一一列举，然后按照其分别的轻重缓急程度进行排列组合，并逐步完成。这样，工作者不仅能够管理好繁杂的工作事务，同时也能够管理好个人的工作时间。

（5）及时反省的习惯。职场人不仅应该通过不同方法对自己工作的状态和过程进行记录，还应该通过对这些事情的记录，进行积极反省，从而提高自己的工作能力。

（6）保持应有的兴趣和爱好。培养一门固定而健康的兴趣爱好，作为压力的宣泄口、业余生活的调剂，这样的习惯对于你养成过人的工作态度有很大好处。

（7）钻研业务，勤于练习。几乎每一项工作都有其技术方面的要求，作为职场人应该养成经常对之钻研和练习的习惯，否则所谓的良好工作态度也就无从谈起了。

(8) 进行积极的自我暗示和鼓励。员工对自己施加“正能量”，通过语言、表情、肢体等途径进行积极的自我暗示和鼓励，从而确保自己始终保持过人的工作态度。

(9) 关注自身身体健康的习惯。养成良好的作息习惯，进行必要的医疗保健活动，才能让你有更加充沛持久的体力和精力去保持好的工作态度，创造更多的工作价值。

(10) 责任习惯。职场人应该习惯于遵守职责、超越自我，面对困难时首先想到的是如何贡献自身力量而不是如何逃避。

上述这些良好的工作习惯，是优秀职场人自身综合素质不断提高的表现，也是他们和其他人的重要区别。一个真正有着职业化工作态度的人，必然会时刻注意自己的习惯，从而在工作态度上展现自己的职业风采。同样，一个想要成功的人，也会养成职场好习惯，会注意从点滴做起，并运用正确的养成方法。

想要获得好习惯，需做到以下三点。

1. 应该做到更加了解自己

培养好习惯、构建富于成效的工作态度，先要对自己进行评估。这些评估包括：了解自己的个性、明确自身的目标、找到自己的优势和劣势、发现阻碍自己进步的坏习惯。这样，你将知道自己应该培养哪些好习惯，解决哪些问题。对自我的评估可以用一系列的调查问卷来进行，以确保评估更加科学和全面。例如，著名的全脑优势系统评测、DISC 评测系统和梅耶尔斯—布雷格斯的性格测验等，都能起到对自我调查的良好效果。在得出结果之后，你应该列举出自己应该改掉的坏习惯，并代之以希望养成的好习惯，这样才能获得真正的评估效果。

2. 学会进行心理演示

当我们一旦发现自己的坏习惯开始作祟，就应该确认自己用怎样的好习惯来取代坏习惯。当坏习惯发生的场合和过程得到确定之后，你应该帮助自己去确定怎样面对今后类似的场合，而心理预演在此就显得相当重要。

当我们在内心预演时，大脑就会被充分调动起来去想象面对同样的环境，我们将如何采取积极的行动来改变自己的工作态度。这些具体、生动的想象，将有助于调动那些原本支配坏习惯的大脑细胞，当这些大脑细胞变得活跃起来的时候，它们将会完全投入对好习惯的期望反应。而经过一定程度的预演，职场人就不会依然按照坏习惯行事，而是会按照期望中的良好习惯工作。

3. 一次只养成一个好习惯

一些职场人希望在前进的道路上有更快的变化，因此他们常常采取同时改变数个坏习惯的方法。然而，想要同时改变多个坏习惯是不现实的。反之，正确的方法应该是将注意力集中在某一个习惯上，用对良好习惯的坚持去取代坏习惯。而每次确定改变了一个坏习惯之后，再去改变下一个，这样，我们的整体工作态度就会随着好习惯的增多而越来越好。

意志（Will）——态度的基石

使工作态度转变的因素，除了个人的努力、正确的工作观、良好的工作习惯和适当的机遇之外，同样重要的还包括职场人是否有坚强意志。

我们都知道，正确的工作态度对于一个人在职业上的成功是何等重要。而想要获得这样的正确态度，其过程不可能总是那么快乐、充实，很多时候也必然面临痛苦和挣扎。因此，职场人必须强迫自己放弃原有的依赖而产生新的工作态度，这个过程不可能在一天两天内完成，若想坚持就需要顽强的意志。因为在这样的过程中，需要职场人和自己进行不断斗争，做到让新的自我取代旧的自我，让乐观、积极取代悲观、懈怠。因此，坚强的工作意志是获得良好工作态度的关键因素。当一个人能够真正控制自己意志的时候，他工作态度上的改变也就会迅速来临。

下面这个职场案例，就体现了工作意志的重要作用。

某家电企业负责分管卫星天线业务的领导来到营销部，想让大家针对卫星天线的营销工作谈谈自己的看法。营销部分管这一业务的张经理说："竞争对手的卫星天线，经常在多种媒体上打出广告，我们公司的产品目前没有足够的品牌知名度，目前，库存的产品销售速度很慢……"说完，销售组的几个业务员也表示同意。

领导皱着眉头，问："难道就没有其他办法了？"

这时候，销售员小孙站起来说出了自己的看法。他说："目前，我们的天线产品销量的确不如以往，原因我觉得有很多，但最主要的原因在于营销定位和市场策略存在问题。"

这样的话让张经理感到些许不满，他说："小孙，你说得是没错。但是目前全国上下已经开始普及数字电视了，卫星天线的滞销是很显然的趋势，你倒是说说看，应该怎样完成这样的营销？"

"这样吧，"分管领导说，"我们公司在青海那边还有4000多套天线的库存，小伙子，要不就由你去担任大区销售经理，将这些天线销售出去。"

小孙明确了自己的工作任务，两天后他就来到了青海省西宁市最大的百货大厦，那里的商厦专柜销售经理跟他抱怨，说他们的卫星天线知名度不够，一年多也只销售上百套，还有4000套天线在全省不同分店积压，难以销售。听到这个消息，小孙并没有灰心，他接下来开始在西宁市内不同的商场进行考察，发现情况不容乐观。

即使如此，小孙还是没有放弃，他开始上网搜索当月青海和卫星电视有关的新闻。很快，他发现了数周前的一条新闻：一家牧场由于遭受了雷击，卫星天线全部都损坏了，牧场原有的彩电也成了摆设。这条新闻让小孙感到意义重大，他当即携带了一套天线样品，经过几趟转车，终于来到这家牧场。牧场场长说，这里一到夏季，雷电天气就特别多，以前经常发生类似的事情，一些天线生产和销售企业也派出技术人员来查过，但是问题始终没有得到完全解决。现在，这里的数百家牧民再也不使用卫星电视了。

对于这样的问题，小孙也没有充分的思想准备，但他知道，如果现在就将自己的产品安装到牧场，很可能也会产生同样的问题。于是，他充分回顾自己所学的知识，还跑回西宁专门通过互联网从总部技术部门那里得到了相应的数据和资料，并利用携带来的元件和仪器对天线做了尝试性的改进。最终，小孙在天线放大器的集成电路板上加装了一个电感应元件，顺利地解决了雷击问题。

不久，在总部派来的技术人员的帮助下，小孙将西宁库存的4000余套天线全部加装了元件，并主动提出，将部分加装了元件的天线作为样品送给该牧场场长试用半个月。这段试用期内，曾经发生过雷电灾害，但牧场的电视机和天线安然无恙。此后，这个牧场的牧户们踊跃购买天线，总共订了400多套。而对小孙欣赏有加的牧场场长，还将他的产品推荐给了附近5个农场、林场，总共推销出去2000多套天线。

很快，这家企业产品的名声不胫而走，一些商场开始主动联系小孙要拿货，而在偏远县市的采购员也纷纷前来要求拿货。一个多月后，小孙返回了公司总部，他已经顺利地完成了销售业务，并获得了应有的提升。

在企业中，具备强大意志力的员工能够创造更多工作业绩，形成更好的工作态度。像小孙那样不断地克服困难、正视问题所在，并积极行动起来，才能利用自己的意志力来促进有效的自我进步。

想要在工作过程中形成应有的意志力，职场人应该从下面几个方面努力。

1. 规划好日常工作和生活作息

职场人的工作意志力和个人意志力密不可分，一个生活懒散、作息混乱的人，很难在工作中表现出足够的自我控制能力。职场人不妨安排好自己的工作和生活日程，有意识地在各方面形成计划，并将这些计划分解成不同的任务，当自己完成任务以后给予充分地自我奖励。这样，随着科学的工作和生活的逐渐形成，你的意志力也会随之有效增加。

2. 不断寻找新的动机

不可否认，长时间同样的工作很容易带来厌倦感，这样的厌倦感可能是暂时性的或断断续续的，但如果不进行积极的处理，就有可能变成长期的厌倦感。克服这种厌倦感的过程，也就是我们提高意志力的过程。为了有效解决这种厌倦感，你应该设法转移自己对原有压力的注意力，也可以通过寻找正确的新的工作动机来帮助你重新树立注意力。例如，不断地联系客户的工作，反复操作很枯燥，但如果你将每次联系客户的工作看作对沟通能力的分别锻炼，就能够获得新的体验，产生新的注意力。

3. 工作一定要坚持到底

在你决定去做某项工作之前，应该谨慎地分析该工作。一旦接手工作，就应该将自己选定的工作目标坚持下去。当自己想要放弃时，应该重温当时设定目标时的想法，并和放弃目标的理由进行比对，设法将后者颠覆，并重新坚决地坚持下去。作为职场人，对工作中的问题和困难应该有充分的准备，而对自己工作中正确的方法则应该有充分的自信，拒绝半途而废。

拥有强劲有力的意志力，如同你的职场阶梯铺上了结实的垫脚石，即便在重重阻力之下，你也能形成正确的工作态度，朝着成功目标一往无前。

潜意识（Subconsciousness）——态度的助推器

工作态度是重要的，但需要注意的是，工作态度不可能只是你在工作过程中所流露出的部分，潜意识同样是工作态度的重要基础。

什么是潜意识呢？

心理学家弗洛伊德曾经做出过这样的形象比喻：人的心灵由意识组成，而其中的结构如同一座海上冰山，露出水面的部分只是这座冰山的顶峰，这些部分是人们的明显意识。而那些埋藏在水面以下的大部分，则是潜意识。对于每个人来说，他们的言语、行动和态度，大部分都受到了潜意识的深刻影响。

正因为如此，潜意识才具有超越人们想象的力量。潜意识存在于工作者的心灵深处，能够使其创造出非凡的业绩。潜意识之所以具备这样的力量，不仅仅因为它对我们的直接影响，还因为它作用于我们工作中的不同细小的行为里。我们的工作态度会随着这些细小行为发生一系列不同的变化，当我们在潜意识中想将一些工作做好并相信自己能够做好时，就会采取消极的工作态度而将自己通向成功的大门永久关闭。这就说明，一个人如果无法对自己进行积极的暗示，就有可能毁掉自身的职业前途。

可以说，潜意识对我们的态度有催化作用，能够让态度向好坏两个方向同样加速延伸和发展。

徐岩是主管销售的部门经理，去年，他的销售提成达到了20万元。然而，在今年的头三个月中，他所在的销售小组业绩突然直线下滑，似乎所有的销售路径大门都被关闭了。徐岩亲自出马，煞费苦心，想要和大客户谈判拿下订单，但是却每每在最后将要签字的时候出现状况，比如订单被竞争者抢走，或者是由于客户企业内部的不同意见分歧而停止谈判。徐岩感觉，自己的能力肯定有所下降，又或者是自己的好运要完了。

徐岩和他的同事提到自己有这种感觉的原因。新年以后的第一个订单是针对某家广告公司的。这家广告公司的采购主任在过年前就同意签订一项购买协议，但过年以后，原有的诺言却根本没有得到兑现。这笔本来已经近乎于敲定的合同突然停止，让徐岩感到忧心忡忡，他开始在过多的担忧中工作和生活，害怕自己某个方面没有表现好，而导致其他客户会产生同样的毁约行为。逐渐地，在这三个月中，他开始变得沮丧起来，对那些犹豫不决的客户，他开始畏惧和形成敌意，这导致客户更加不了解他，进而形成了恶性循环。而徐岩却没有意识到问题所在，他总是以为坏运气已经到来。后来，经过上司的提醒，他才发现，问题出在自己的潜意识上，只有改变自己的潜意识，才能获得好的工作态度。

徐岩后来回忆这段艰难日子时这样说："我应该相信自己的潜意识，有了对潜意识的掌握和了解，我才能跨越障碍和困难。一个追求成功的人，应该在工作中寻找最美好、最优秀的事物，并追求其中的快乐。了解潜意识，才能有良好的思想准备，并获得正确的工作目标——提供良好的服务工作、帮助自己应该帮助的人，从而得到最好的工作结果。"

的确，徐岩这样说，也这样做了。从第四个月开始，每天早晨面对工作之前，或者每天晚上上床睡觉之前，他都坚持找寻自己潜意识中的积极面。很快，他就明确在自己潜意识中那种新的思维模式。他很快又恢复了之前健康向上的工作状态，并获得了新的客户订单。

正如同案例所表现的那样，如果消极地对待自己的潜意识，那么，其中负面的部分很快会发生作用，并为职场人带来更多的困惑、恐慌和麻烦，最终导致工作态度的破坏和失败。反之，如果能够积极地对待自己的潜意识，它就能引导人们走向成功。当潜意识影响下的工作思维能够积极向上、富有建设性时，就可以让工作态度朝向积极一面转变。

潜意识能够造就自己内心的困境，也能带来内心的安宁，这是因为潜意识实际上是你内心的那幅“蓝图”，影响力的工作态度。因此，职场人有必要通过一定的方法来重新认识和影响自己的潜意识。

1. 了解自身的“自我意象”

每个人的潜意识中，都包含很大一部分的“自我意象”，即每个人对自我的描绘和认识。心理学家对这种“自我意象”进行分析之后发现，每个人的内心都有用来描绘自身精神的图像，这种图像可能是模模糊糊的，甚至根本没有人意识到它的存在。然而，这种关乎自我的图像的确能够影响一个人的潜意识，并进而影响一个人的工作态度。

因此，职场人应该借助对“我是什么样的人”这种问题的探索，来帮助自己认识潜意识，并形成良好的自我看法。

2. 学会重塑自我意象

如果一个人的自我意象是“失败者”，那么，无论其工作动机有多好、工作意志力有多坚强，其工作总会出现失败之处。这是因为，自我意象是意识形成的前提和基础，而一个人的工作特点，甚至工作环境，都是源自这样的意象并产生循环。因此，职场人应该从那些对自我意象束缚的观念中摆脱出来，这些束缚包括“我不行”“我做不到”“我不可能”等固有观念。只有摆脱了这些束缚，职场人才会促进自我意象的重塑，并因此而得到积极的潜意识影响。

3. 真正觉察和改变自己的那些局限性信念

不少人都存在这样的问题，他们不知道自己究竟想要什么，因此经常陷入迷茫，而导致工作态度忽而专注、忽而疏懒。例如，有些人一方面希望自己能够成为积极工作的员工，但另一方面，在潜意识中，他们又会认为那些看起来积极努力工作的人“很傻很天真”“迎合老板”“不合群”等，那么很自然，他们最终无法成为积极工作的人。

觉察到自己的局限性信念，即抓住内心那些让自己对世界、职场和生活有可能产生极端看法的思维理念，并考察这些思维理念对自己潜意识的影响。而你接下来要做的则是有效地放松自己，然后学会找到理由和方法，进而推翻并改变这些极端信念。这样，局限性的潜意识就会得到重新整理，随之而来的就是工作态度的有效变化。

行动（Action）——态度的原动力

有位职场专家曾经这样说过：“只愿意思考而不行动的人，他们只能产生出对工作并没有意义的思想垃圾。职场中到处都是梯子，站在梯子前思考的人是爬不上去的。”

应该承认，在职场中，许多人的态度能够影响并决定他们的行动，这意味着有乐观的态度才会产生积极的行动，从而保证拥有工作过程中的美好过程和结果。然而，仅仅有态度上的改变，并不足以改变工作中的行动过程。与此相反的是，许多人虽然有着良好态度，却没有开始执行，因此一切都和原先设定的目标截然相反。这就是为什么许多职场人在刚刚开始工作时，都有着远大的理想目标，也试图改变自己的态度，但由于他们并没有真正开展行动来实现目标，因此，理念缺乏实际行动依托，也就无法对工作态度进行支持。种种消极的思想便开始产生，工作态度也就随之变得平庸。

因此，对自己的态度进行改变的切入点，是开展行动。因为一个正面的行动，很容易引发整个人工作态度、工作习惯乃至个人性格的巨大变化。关于这一点，美国著名心理学家詹姆士总结说：“我们哭，导致我们忧愁；我们动手打架，才会生气；发抖了，才会更害怕。”这种生动地解释表明，行为上的变化可以改变我们的态度。而此后的心理学家则用实验加以证明。

美国心理学家艾克曼的实验表明，当一个人开始想象自己进入某种环境并能够感受到某种情绪时，那种情绪会真实的形成并出现。例如，当参加实验的人按照角色要求，装作愤怒的时候，他的脉搏的确会加快、体温会变化，而态度也会发生明显的改变。这就是行为改变态度的重要依据。

推而广之，在职场上，许多人都是先有行动，并通过习惯将这些行动不断加以重复，这样才能真正改变自身态度。郭台铭就是这样去改变其企业中员工工作态度的。

郭台铭，是我国台湾第一大制造企业——鸿海集团的总裁。他从做黑白电视机配件开始起步，逐渐涉足制造业、IT 产业，等等。短短五年，他和他的鸿海集团就获得了成功，其个人也被美国的《商业周刊》评选为亚洲最佳创业家。

郭台铭之所以能够成功，是因为他坚定的信仰，而他的信仰在于实际行动。郭台铭说："我们应该有一个高效而可爱的团队，当团队遇到困难的时候，应该有充分决心，不怕困难地进行行动。只要给团队机会，就应该一次不行两次、两次不行三次地行动起来。最后，才能做到比对手价格更加便宜、品质更好、服务更优秀。"

郭台铭自己就是这样管理企业的。每当企业的项目过程出现问题时，企业的项目主管就直接到工作现场进行处理。而郭台铭没有自己的办公桌，任何单位需要监督指导时，他就带着下属到那里去。正是凭借这样的行动力，从鸿海公司成立开始，他们就将原本难以成功的冲压技术提升到了国际领先水准。郭台铭认为，工作必须要从每个员工开始做起，而管理者自己怎样做，下属就会怎样做。这就是管理工作的诀窍，也是每个员工自己工作态度提升的诀窍。

的确，行动起来是实现态度提升最直接的方法。这样的行动需要有良好的目标、集中的责任感、正确的价值观和持久的精神力。而行动能够产生的另一种态度就是：努力找到与工作结果和工作预期所不符合的地方，一旦找到之后，就应该进行不断的改进。

任何工作态度优秀的员工，都有着超乎常人的行动力，下面则是提升自我行动力的重要原则。

1. 永远不要等到条件完全具备了再开始行动

我们不要抱有幻想，希望所有的条件都充分具备再开始行动。其实，那样很难真正做到适时采取行动。这是因为在职场工作中总会有一些难以达成的条件因素，而最合适的方法是一边行动一边创造条件。有了这样的觉悟，你的工作态度才能不断地转变和提高。

2. 先抓住眼前的重要事情

职场人应该集中精力，先将眼前的工作做完，而不要分散注意力到其他方向。无论是上星期你做了什么，还是明天你将要面对的工作，都不应该成为你关注的重点。相反，你应该找准自己正在处理的关键工作，然后运用自己的智慧和双手将之抓住，并予以充分完成。

3. 适当加快行动的速度

提高办事效率，是职场人积极行动的重要因素。想要在行动过程中取得态度的改变，就应该对时间观念进行强化，并提高效率意识。职场人对于自己的每项工作应立足于“早”和“快”来进行评价，进行积极的时间管理，并时刻督促自我把握时间进度，做到对工作进度的充分重视。

第四章

力尽筋疲不复伤——敬业的态度是提升待遇的根本

敬业，给企业最真实的自我

一个真正合格的企业员工，想到的绝不只是维护自身的利益。在设法满足自己的利益之前，他想到的是对自身的职业负责，对自身的岗位负责和对企业负责。因此，无论时代怎样发展，企业需要的都是那些敬业爱岗的人，企业需要他们的付出和忠诚。

敬业爱岗精神，看似是一句普通的宣传口号，但实际上，它应该是实践性很强的。敬业爱岗，不仅是员工个人发展的需要、企业竞争的需要，同时也是整个民族、社会和国家发展的需要，是时代精神发展必然得到的良好精神。历史上，首先提到敬业的是《礼记·学记》的名言“敬业乐群”。而理学家朱熹在解释这句话时说道：“主一无适便是敬。”其言下之意就是说，当人们在做一件事情的时候，应该加以专注，将自己的精力全部投入事情中而没有任何分散，这就是“敬”。放在今天，当企业人能够全面地投入自己的工作中去而不分散自己的注意力时，这就是对自身工作的敬，而在此基础上，才能进一步对工作产生“爱”。

员工工作态度的改变，首先要从具备敬业爱岗的精神开始。具有了敬业精神的员工，会将公司当成自己事业的一部分，他们会毫无保留地向企业展示出真正的自己，而并非在工作中总是有所保留或等待上司的吩咐。因此，即使你目前缺乏工作能力，但只要表现出足够的敬业爱岗，就会得到企业对你价值的肯定。这是因为工作能力可以培养，工作经验可以积累，而敬业爱岗则更多地反映了员工的个人工作素质和态度。

不妨看一看小刘和小冯在同一家企业工作过程中的区别：

小刘在工作面试时充满自信，她介绍了自己具体的专业，并谈到自己在以前工作中取得的业绩，以及详细的工作经验。也正因为如此，企业面试官觉得她的确适合这个职位，便同意她入职并负责具体的工作。然而，小刘虽然对手头的工作熟门熟路，却没有表现出应有的细心和尊重，缺乏对工作的重视、敬业和热爱。她觉得自己的工作经验足够丰富，不需要再像新人那样认真地对待工作。同时，她还觉得企业所支付的工资太低，于是专门在另一家公司寻求了份兼职，这让小刘投入日常工作的时间和精力更加少了。最终，小刘因为一些细节上的差错，而把工作干得一团糟，结果被迫辞职。她的不敬业成为其工作态度转变的导火索，当这种不敬业的态度掩盖了其工作能力的光环之后，她的工作价值也就无法表现出来了。

然而，同时和小刘入职的小冯则不同。小冯在这批入职的员工中并不算业务能力最强的，因为她原先的专业和现在从事的工作基本上毫不相干。然而，小冯具备高度的敬业精神，并珍惜自己的工作机会。例如，上司交给她一份任务，并要求最好今天完成，到下班后，小冯能够一个人持续加班，直到将这些工作完成。很显然，小冯这样的员工，没有任何一家企业会不喜欢，更不会有哪家企业认为她缺乏价值，即使她的工作能力还不够强，她的工作技术也不够过硬。但与小刘相比，小冯是幸运的，因为她最后得到了公司奖励，获得了上司青睐，职位也获得提升。而这份幸运是小冯自己用良好的工作态度换来的。

从上面两个人不同的经历中可以看出，对于企业老板来说，他们首先看重的是员工是否懂得如何改变工作态度，其次则是员工如何去看待企业。如果你真的是那种具备强烈敬业爱岗精神的人，你才能得到应有的重视，并得到相应的待遇。

敬业爱岗，是职场人走向成熟的品质，是他们之所以成为优秀者的原因。保持敬业爱岗，就应该保持应有的认真负责、一丝不苟的工作态度，还要在内心有着追求上进、不甘平庸的努力动力。

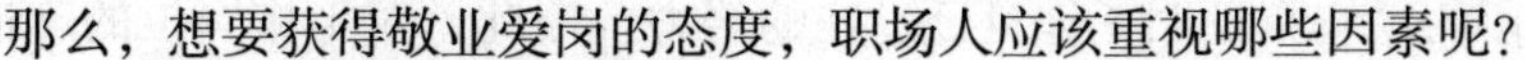

那么，想要获得敬业爱岗的态度，职场人应该重视哪些因素呢？

1. 职场人应该树立充分的归宿感

当你经过挑选和比较，从不同的企业中挑选了一家企业并进入工作之后，你应该相信，这是一家“好企业”，他们有理由值得你付出。因此，当你在决定自己如何面对工作时，应该将自己和企业联系于一处，考虑下面的问题：我为何选择这家公司？我是否真正准备好了成为这家企业的一分子？我能做什么来回报这家公司？我是否真正全力投入并奉献自己的精力来为这家企业效力？一般来说，当职场人不断向自己强调和企业的联系后，他们会逐渐发现，自己和企业之间的联系难以分割，有理由选择在前进道路上与企业共同面对艰难困苦而无所畏惧。这样，他们将热爱自己的工作、敬重自己的岗位。

2. 找准自己的工作位置

作为一名敬业爱岗的员工，你无论在工作中扮演着怎样的角色，都应该先做到摆正自己的工作态度。这是因为每个人的工作行为和工作态度应该是互相符合的，当职场人处于不同位置时，就应该相应做出符合这个位置的行动来表现自己对于企业的意义。因此，职场人应该根据职位的不同来选择自己的位置，表现出同样的敬业爱岗。例如，当你的职位较高时，说明上司对你有所期待，你更应当重视工作，不要辜负上司的期望。反之，如果你的位置尚且在基层，那么就应投入你的工作热情，用热情点燃你的工作状态，从而给上司留下良好印象，让他能够看到并了解你的敬业，从而器重你。

敬业爱岗，意味着职场人能够找准并主动适应自己的位置。位置并非一定要最高的，但应该确保它是最适合自己的，也是自己真正喜爱的。

3. 敬业爱岗，意味着主动珍惜自己的岗位

工作岗位是人生前进的支点，是除了家庭之外实现人生价值的重要舞台。因此，珍惜岗位，意味着对自己生命的珍惜，对自身价值的珍惜。

职场人应该了解，无论你处于怎样的工作岗位上，这些岗位都不是为你终身保留的，它只证明了你自己过往的努力。因此，对工作岗位的珍惜，就是对自我的珍惜。职场人更应该努力勤恳地工作，从而确保自身的工作岗位不会被他人取代。

老黄牛永远不会被抛弃

在新的时代中，似乎“勤奋”已经不再为人们所看重。一些人开始试图寻找捷径，希望能够从轻松的途径获得最好的待遇。然而，不少人在获得这些待遇之前，只是在自己的工作岗位上付出些许的努力，甚至好逸恶劳，并为自己开脱：“即使勤奋努力，又能如何?”在这样的论调背后，是他们认定的所谓成功法则——成功的要么是天才，要么就是有过硬的人际关系。而勤奋者必然是缺乏才华或者缺乏关系的，他们只能用“卖力”来换取自己的工作报酬。

然而，这样的观点显然是错误的。

的确，今天这个时代同过往有着越来越多的不同，但勤奋的黄牛精神并不会过时。这是因为，无论一家企业还是一个员工，想要在竞争日益激烈的时代获得脱颖而出的机会，都需要不断地勤奋努力，一个人如果缺乏这种勤勉的工作态度，不仅无法获得成功，很可能连自己目前的这份工作都无法保全。相反，只有保持勤奋的态度，才能做好自己的工作，并在不断地积累中，获得自身工作中知识和技能的增长，并得到更多的发展机会。

之所以需要勤奋的态度，首先是因为勤奋能够弥补自身的不足。在毕业之后进入社会的青年人中，承认自己不足的人往往很少，大多数年轻员工都觉得自己是个人才。但随着年龄的增长、眼界的开阔，不少人都意识到当初这种盲目的自信缺乏根据，甚至相当幼稚。这是因为在企业中，真正能够很快获得提拔、得到优越待遇的基层员工并不多，其原因在于实际工作中知识、技能和经验的不足。

面对这样的不足，职场人应该明白，只有秉承勤奋精神，才能弥补。这种老黄牛精神，意味着你需要勤学、苦练，将工作看作是一份带薪的学习，不要放弃任何一个可以改变自己的机会。

唐骏曾经是微软中华区总裁，他在刚进入微软时，仅仅是一个负责写微软源代码软件的工程师。当时，很多和他一起进入这家国际知名企业的人都比他优秀得多。例如，其中就有一位22岁就获得了博士学位的技术天才。实际上，在微软毫不缺少这样的天才。视窗系统的开发部门中，就有将近三千多名员工，而这些员工几乎每一个人都是技术高手，写程序全都相当在行。和他们相比，唐骏要显得逊色很多，无论是英语语言能力、沟通能力，还是技术水平。

为此，唐骏感到了相当巨大的压力。他觉得，自己在企业中看不到机会，甚至想因此而辞职。但很快，唐骏明确地告诉自己：不应该放弃，要通过勤奋，从倒数第一走到排名前列的位置。

当时，唐骏住在微软人力资源部安排的宿舍中，但唐骏在住处待的时间很少，每天下班之后，唐骏都选择留在办公室学习看书，即使是周末也同样如此。关于微软视窗程序的书内容复杂，因此唐骏一开始根本看不懂，头几个月，他几乎没有停止过学习，还不断请教同事，希望他们能帮助他指出源代码中的问题。5个月之后，唐骏发现，自己和同事们之间的差距开始缩小了，自己也有余力展开工作了。

从唐骏意识到勤奋精神的重要性之后，他就始终保持着这样的工作态度，直到后来他离开微软公司，并获得更好的个人事业发展机会。这说明，在工作中，许多人都会有良好的期盼，但只有那些勤奋的人才有可能获得令人瞩目的有益成果。对于企业来说，公司的正常运转，需要企业中的每个员工像黄牛般努力。而勤奋的工作态度最终也会为员工待遇的提高铺平道路。

每个人的职场命运都掌握在自己的手中。所谓成功，是每个人勤奋努力以后的结果，而实干并坚持下去，正是对勤奋努力精神的最好注解。

我们应该明白，仅仅是工作不迟到、听从上司的安排，还不足以让他们获得对你勤奋的肯定。想要成为企业中勤恳耐劳的“老黄牛”，你需要注意下面的方法。

1. 能够主动接受工作任务

职场中的每个员工都需要接受工作，但如果能够主动接受工作任务，你就可以为自己的勤奋努力而获得上司的肯定。例如，当上司提出新的工作计划时，你可以主动要求承担其中的工作，让他允许你来负责。当然，这样的主动应该是在对自己做出充分的判断的基础上，否则很容易让上司觉得你对自己缺乏了解。之后，当上司意识到你对工作有着充分的热忱后，你就能够通过工作任务来发挥能力、展示态度，表现自己的勤奋。

2. 时刻保持充沛的精力

勤奋的员工并非疲劳的员工，当上司发现你很容易疲劳的时候，他对你的感觉将不是赞赏和认可，很可能更多的是同情。当上司开始同情某个员工时，在他的眼中这样的员工已经难堪大任，即使员工曾经表现得很勤奋。因此，建议职场人即使在较为疲劳的情况下，也要学会在上司面前保持统一、持续的良好精神状态，这样，他才能认可你的勤奋，并愿意不断地将更有价值的工作任务交给你，让你的勤奋精神有更多的发挥余地。因此，作为职场人，应该懂得拒绝盲目的勤奋，而是要学会“好钢用在刀刃上”，做一头聪明的“老黄牛”。

3. 拒绝傻干，高效勤奋地工作

市场的竞争环境在不断变化，企业也必然随着这样的变化而不断更新。因此，员工在勤奋的过程中，需要不断更新自己的创新意识，改变那种“勤奋就是傻干”的意识。具体来说，职场人应该不仅让上司看到你对工作

100%的投入，还要学会在工作过程中尝试使用不同的方法，创新性地提高工作效率，这样，在上司眼中，你将会为他留下深刻印象，同时你还应该学会在工作之余继续勤奋学习，不断提升自我工作能力，掌握市场的变化规律和竞争态度。这样，你将是一个更有价值的勤奋工作者。

负责任的“偏执狂”

企业中的每一个人都有着各自的责任，只有那些能够最好地承担自己责任的“偏执狂”，才会因为他们对于责任的坚持而获得应有的奖励，最终成为让他人羡慕的领先者。

在职场中，我们需要具有责任心，并将这样的责任心投入到自己的工作中。只有这样，职场人才能实现对自我原本能力和业绩的超越，才能收获到卓越的工作成绩。实际上，责任是员工能够在一个企业中站立下去的根本，是企业组织最需要的员工品质，当工作者拥有了强烈责任感之后，他能够带给企业的不仅仅是优秀的工作结果，还是卓越的工作状态。

与此相反，那些在责任感方面有所缺乏的员工，很难给企业和客户提供充分优质的服务，难以保持正确的工作态度，甚至会影响到整个企业的良好形象。这是因为，企业中一旦有人缺乏责任感，影响的并不只是员工自己，而是整个企业。这也正是为什么许多企业要求员工落实其自身责任的原因。当员工没有真正意识到责任的重要性时，也就意味着他失去了在企业中继续工作下去的资格。

年轻员工小韩，从学校毕业以后，通过招聘进入了一家外资公司工作。不久后，该企业的董事会决定，让小韩和几位同事去欧洲参加专业培训，并在回国后担任预备干部。这是因为小韩不仅工作业务知识相当丰富、工作技术相当精湛，在待人接物方面，也表现得自然得体。这让上司感到小韩是个很有前途的员工。

然而，在即将去培训之前的一周，上司偶然在会议之后跟着小韩一起回办公室，发现了小韩的缺点。他看到小韩在走过走廊时，特意将门口的废纸踢向一边，而不是将之捡起来放进垃圾桶。后来，上司一连几天都注意小韩在工作细节上的举动，发现他对于那些看起来不属于其个人工作的事情一概不放在心上：午餐之后，他很少将用餐的餐具按照惯例放在指定地方；对于同事工作的进度，他也很少关注……于是，上司决定，将小韩暂时从计划送往海外培训的名单中撤换下来。这是因为在上司看来，不愿意负起责任的员工，缺乏真正端正的工作态度，他虽然可能会为自己的利益而努力，但却不可能拥有良好的职业感。

的确，一个人在工作中是否有充分责任感，并不仅仅表现在原则问题上。绝大多数情况下，我们的责任感体现在处理小事情上。当职场上的我们不能为小事情负责时，就会影响我们对企业整体工作的态度，导致无法圆满地完成自己应做的工作。

工作，就意味着要承担责任。而且，越是有着较高的职位和待遇，就越要承担较多的责任。如果职场人发现自己没有得到想要的利益，往往是因为我们没有在各个方面表现出对相应责任的承担能力，因此也就没有资格去羡慕那些获得了相应利益的人。这样的事实证明，在职场上，我们永远没有理由在责任面前退缩，一个人有多大责任心，决定了他在企业中会获得怎样的评价。

因此，在个人工作的发展过程中，永远不要害怕去承担责任。作为企业的一部分，你应该下定决心，承担任何来自正常工作的责任，并坚信自己可以出色地完成工作任务。当你拥有了这样的责任感以后，因此而产生的力量能够帮助你获得更为端正的工作态度。

那么，我们该如何正确地承担责任，显示成熟的职业态度呢?

1. 职场人的责任心应该表现在有勇气去承担

不少职场人对于承担自己的责任有种莫名的恐惧。这是因为在他们看来，承担责任经常会和承受惩罚联系在一起。因此，他们更加愿意对那些运行状态稳妥而没有风险的工作表示负责，却不愿意对那些容易出现问题的事情负责。一旦相关工作出现问题之后，不少职场人首先考虑的并非如何寻找自身原因解决问题，而是想方设法将问题归咎于他人，或者寻找各种理由或借口来帮助自己进行辩解。

其实，我们应该了解，既然要为企业工作，就需要有勇气和企业中的其他人一样承担责任。这种勇气将决定你是否有资格站在现有的工作岗位上，也同样决定你是否能够表现出良好的工作态度来赢得他人的肯定。为此，职场人不妨让自己习惯承担责任，将之看成工作所带来的必然压力，而不是试图否认或逃避。

2. 承担责任就应该拒绝借口

在工作中，没有人完全能够避免错误和失败。但是，当错误和失败真正到来时，如果你忽视自己应该承担的责任，采用借口来推卸过错，就是不好的工作态度了。正确的方法是当问题出现以后，学会正视、分析和承认它，并首先分析自己身上的过错，对此承担责任，然后集中弥补，拿出改正方案，将出现的损失降到最小。当错误出现以后，你不要试图用借口去掩饰它，而是要利用好对错误的改正，让人们看到你是如何具体担责的，这样，你才能挽回错误带来的负面影响，并因为积极主动承担责任的态度重新获得他人的信任与尊重。

忠诚不是单行线

家庭中，人们需要对婚姻的忠诚来获得幸福生活；社会中，人们需要对国家的忠诚来获得安康；而在职场中，人们更需要对企业的忠诚来获得共同的发展。所以，企业也会以忠诚来衡量员工的工作品质和工作态度。

在一项由世界著名企业家们参加的调查中，当他们面对“您的企业最需要员工具备怎样的基础品质?”时，绝大多数企业家选择了忠诚。很显然，任何企业都难以容忍员工的不忠诚。因为不忠诚的工作态度意味着员工随时随地可以为了个人的一己之利而牺牲整个企业的利益，成为企业内部的定时炸弹。可以想象，当你选择将忠诚看作一条只向他人所取而不需要自己付出的“单行道”时，职场将你淘汰的日子也就随之不远了。

一个人有着杰出的工作能力，只代表他具有“才”，而企业最需要的是德才兼备的人。只有在工作中具备忠诚态度，才能成为企业最需要的人。这样的人不会因为个人利益而损害企业的利益，不会因为一时的利益就选择让自己的工作沾染上污点。如果企业拥有的都是这样的员工，那么，企业就能从所有员工的集体忠诚中获得经过凝聚的团队力量，并走向成功。而对于企业中不同部门的上司来说，只有确保下属是忠诚的，才能获得领导工作的基本信心，同时能够安然地指挥一个团队去发展壮大。正因为如此，企业不同层级的领导会经常地对下属的忠诚进行测试甚至是试探。只有通过这些考验，你的忠诚态度才能被对方接受和认可，并获取相应的待遇。

当然，今天的忠诚和封建时代的“从一而终”是两码事。我们不需要终身跟随一个企业，而是跟随自己能力的变化度过职业生涯。这是因为，在市场经济条件下，人才的流动很正常，但这种流动带来的只应该是具体环境的变化，而不是职业道德的下降。有着真正良好工作态度的员工，不论在怎样的公司、怎样的岗位上，都会牢记自己对企业所肩负的责任，并转换成为自己对工作的忠诚。

在职场上，这样的现象很常见：许多职场人在刚刚进入企业岗位开始工作时，总是相当负责，似乎想要在数周之内就得到充分肯定。而此时，也经常因为做好一份工作，而获得内心的成就和满足，因为来自周围人的欣赏和信任，常常能让自己获得一种情感上的归属感。这种状态下，忠诚度之所以较高，是因为他们能认真履行承诺、创造业绩，并体验到自身的价值。然而，当职业生涯发展到一定阶段时，职场人会逐渐发现要求越来越高，或者产生某种遇到职业瓶颈的误解，这样，他们的内心就会产生失衡，对企业的忠诚度也可能随之下降。但这种下降一旦引发工作态度的改变而实施错误的行动，就会造成工作上的重大失误。

观察上述过程，可以发现，职场人忠诚度的下降，更多来自于在复杂职场中的诱惑。对于职场人来说，错误地评价工作环境，很有可能落入诱惑的陷阱，无法通过职业道德的考验。实际上，正是源于这一点，一些职场人没有坚守住自己的职业道德底线，而只能被职场所淘汰，更不用说获得更好的待遇了。

小马计划从学校毕业后进入食品行业担任销售工作。为了能够更快地融入这个行业的发展，他事先阅读了大量相关工作的资料，包括行业期刊、技术论文等。毕业后，当同学们盲目地一家一家投简历的时候，他已经写出了数万字的行业观察报告和营销情况分析，附上自己的简历，给自己心仪的几家企业人力资源部寄过去。果然，他很快就收到了面试通知，并最终进入了一家在行业内很知名的企业。

不到半年时间，由于业绩突出，小马从基层的销售员工成为了大区经理助理，并独立负责好几个片区的销售工作。无疑，小马的前途一片光明。

然而，随着工作业绩的上升、职位的晋升，小马却变得逐渐不满起来。

他觉得，自己的薪水并不高。加上自己家庭情况一般，经济条件窘迫，谈过的女朋友都嫌弃他没有车子、房子而选择分手。临分手时还说：“你研究销售有什么用，你那点工资提成还不如人家一套房子租出去。”

这些话让小马心态开始失衡，很快，公司的区域经理发现，小马报销的差旅费用经常比其他人要多。不久后，一个很偶然的机会，小马利用假机票报销的事情露馅了，区域经理才确定，他的确一直在使用假发票报销。公司人力资源部将事情向上级汇报以后，决定立即与小马解除劳动合同。临走时，上司惋惜地说：“小马，你的工作能力大家都知道。虽然你现在的收入不算高，但坚持下去，企业很快就会给你加薪了。就算再困难，忠诚这个东西不能丢啊。”

当你的能力通过考验以后，企业需要考验的就是你在不同心态下的忠诚程度。只有忠诚过关，才能在职场中表现出良好的工作态度。那么，职场人如何做到对企业忠诚呢?

1. 要保持心态的平稳

诸多事实说明，职场人对企业的忠诚失效，最大的原因来自于其个人利益诉求导致的心态失衡。我们应该意识到，想要忠诚于自己的事业、正当提高自身的利益，首先要做到对企业的忠诚，维护企业的利益。在具体工作中，你需要适当跳出自己短期利益的衡量计算，能够忠实于公司整体，同时平心静气地认清自身现在的投入和回报所可能产生的不平等，接受这种不平等，并将心态的变化转化为前进的动力。

2. 真正热爱你的工作岗位

当一个人真正热爱某种事物的时候，就不可能产生背叛的想法。职场人应该看到自己和工作岗位之间在利益上、感情上的联系，将自己的生命和工作融合起来，不仅看到工作给自己带来的物质利益，还要看到企业提供的岗位如何满足了自己的社交需要、情感需要和被尊重的需要。这样，你就会真正意识到工作岗位对你的重要性，并走出职业发展中可能出现的困境，让自己对企业的忠诚进一步上升。

3. 形成良好的职业习惯

虽然在人力资源自由流动的前提下，职场人能够按照自己的能力去更换工作。但这并不意味着职业习惯也可以更换。事实上，那些在待遇“较差”的企业中缺乏工作忠诚度的员工，即使他们到了待遇良好的企业，也很难产生应有的工作忠诚，这是因为他们的工作习惯导致了他们难以真正忠诚于自己的企业和工作。

为此，我们应该选择在任何工作过程中都去培养自己具备好的工作习惯。例如，遵守保密原则、尊重上司的决定、承担自身的责任等。当这些工作习惯成为你个人人格操守的一部分后，无论你未来在怎样的平台上发展，都能做到忠诚于企业。而这一点就能征服所有上司并得到应有的奖励。

忠诚，是企业和职场人之间互相负责的“双行道”，是职场人应该选择的职业生存方式。如果你选择了一家企业，那么，就请支持他的立场和利益，并和他坚定地站在一起。

省下抱怨的时间用来做事

大多数职场人或多或少都有这样的通病——三五个同事形成的小圈子中，时常会产生对身边环境的不同抱怨。这些抱怨甚至会如同空气一样存在，不仅在办公室中有，在下班以后还有；不仅在面对面的交谈中有，在电话、短信、邮件中也一样有。而抱怨的范围几乎无所不包：抱怨公司的规章制度不合理、抱怨上司的工作要求太严、抱怨某个同事和自己的协作不力，甚至抱怨自己办公桌的位置、抱怨上级穿衣打扮的风格太老土、抱怨客户的普通话根本听不懂等，其实，抱怨本身并不可怕，因为抱怨是表达一个正常人内心不满的重要态度。当职场人在表达不满的时候，一方面是宣泄情绪，另一方面也表达了自己的希望，希望自己的利益能够得到尊重，希望被抱怨者能够有所改善。

然而，在职场中，抱怨所能起到的改变作用是相当低的，而抱怨带来的负面影响则很大。最直接的负面影响，在于对工作者自身工作态度的影响。

在职场中没有永远的一帆风顺，每个人都可能在工作过程中遭遇失败，每个人都有可能在职业发展的道路上陷入低谷。如果因此就不断地发牢骚、说抱怨，那么，内心就很容易形成负面的思维模式。在这种思维模式的影响下，我们会逐渐丢失对工作原有的责任感、使命感和充实感，而只能看到那些对自己不利的事实，从而忽略了失败和低谷给自身成长带来的有利一面。其实，职场人更应该问问自己，如果不抱怨，这一时间可以用来做什么。

抱怨企业，其实并不必要。因为对于大多数员工来说，最重要的并非企业本身和岗位本身，而是个人的能力和态度是否能够让人对你的工作业绩充分信服。在每个人的事业起始阶段，都是企业和工作在不断地选择着员工，而不是相反。因此，当我们在职场时，对公司的抱怨无法让自己的事业有所成就，这种抱怨，只会使得自身更加偏离发展方向，无法提升价值，最终被企业所抛弃。

同样，抱怨同事，也难以给你的工作态度带来直接长远的好处，反而有可能暴露职场人自己的问题。更何况，对同事的抱怨很容易造成对他人自尊心的伤害，最终引起双方之间的矛盾，并导致工作中合作关系的破裂。作为职场人有必要多考虑同事的利益要求，即使有不同意见，也不应该采取抱怨方式来提出。

还有的职场人总是抱怨薪水低。职场人对自己有较高期望值并不奇怪，不少职场人认为自己应该得到重用，并因为这样的重用而能够获取丰厚报酬。但是，你同样要看到，薪水并不是企业对你能力高低评价的唯一标准，而抱怨薪水也解决不了你的问题，反而容易让人失去更高的目标、更好的工作动力。

其实，与其抱怨，不如改变。工作中的抱怨，是职场人对自身工作能力的严重消耗。这种抱怨不仅会让自己在工作中失去应有的斗志，同时，也会让同事的士气受到打压，导致你周围的工作环境变得更加不利。

如果能够将抱怨变成一种积极的行动、变成善意的沟通和合理的建议，那么，积极向上的力量就能够注入其中，并不断地带来自身工作思路、工作关系和工作方法的全面改进。从这样的改进中，职场人会发现，他们的工作态度会更加积极，工作的快乐会更加明显。

小杨是一个典型的“80后”，他的许多工作态度都值得他人学习，而其中最不同的就是他不抱怨的态度。

当小杨刚刚参加工作时，进入的是一家只有数十人的小商贸公司。当时，公司面对的市场形势很好，大家都充满了信心，老总特别在年会上表扬了销售部门，并鼓励新人们努力学习前辈，争取获得更高的业绩。

但是，到了新的一年，公司面对的市场情况开始变化，为了提高业绩，老板决定，让新员工们提前进入角色，将他们的工作量定位到每年完成60万元的销售量。这个决定下发以后，小杨身边的年轻同事开始不断抱怨。有的人说：“这样高的任务，怎么能完成呢?”还有人说：“我们是新来的，手头的资源也没有，怎么可能这么快完成?”还有人说道：“就是，老板将任务定这么高，是不是就想要让我们完不成，不用发奖金?”……

但是，此时的小杨却没有抱怨，他在默默计算自己怎样去完成这样的工作目标：一年任务量是60万元，那么，参考之前他了解的新人签合同的平均价格，一年起码要签下60个合同，而想要签订这么多合同，至少要有270个以上的潜在客户有购买了解的意向。如果想要获得这么多表现购买意向的潜在客户，就需要拜访超过1280个客户。这些数字，小杨都是按照二八法则计算出来的。这说明，在一年250个工作日中，每天起码要拜访5个以上的客户。

于是，小杨听着同事们的抱怨，在笔记本上写下每天拜访5个客户的工作计划。

这一年中，新员工们虽然也在努力工作，但当他们聚在一起交流的时候，两三句话就会扯到抱怨上。而小杨没有时间抱怨，他只是在努力地完成自己既定的工作计划。同样，他也不抱怨客户不愿意签订大单子，因为对于客户来说，和新人签订大单本来就不现实。另外，小杨虽然积极和同事们交流沟通，但只是限于工作上，而并不包括抱怨，因为小杨不希望自己的工作态度受到来自同事的干扰。

为了督促自己远离抱怨情绪，小杨在桌子上放了一个台历，每天将自己拜访的客户在日历上记录下来。到年底时，这个台历上已经记录了满满的关于他拜访客户的经历，而小杨的工作任务也顺利完成了。反观那些总是抱怨的同事，则距小杨要落后很多。这让小杨很快得到了销售部门经理的赏识，并因此提升为销售组负责人。

对于职场人来说，抱怨带来的最大损失，是你宝贵的工作时间和原本就有限的工作经历，同样，损害的还有工作热情、工作心态。因此，你应该设法拒绝抱怨，面对现实。

1. 不要因为对你的批评而抱怨

在职场中，被批评并不是什么罕见的事情。诚然，被批评会在一定程度上影响职场人的工作积极性，而被“冤枉”的批评很可能导致情绪的低落。但职场人应该看到，如果上司或同事的批评确实有其道理，那么，你需要做的是考虑其意见中正确的一面，并虚心接受，进行改正；而如果对方纯粹是为了批评而批评，那么，你所应该做的是不用在意，更不用公开抱怨。否则，为了这样的批评而进行公开抱怨争论，很容易让事情陷入僵局，难以让他人明白真实情况。

2. 消除容易引起抱怨的负面心理暗示

负面的心理暗示，很容易让职场人陷入情绪低迷的状态中并很可能试图通过抱怨来加以宣泄。实际上，在这样的情况下，你不妨先去完成简单的工作，从而减缓情绪上的压力，当情绪恢复正常时，再让自己处理那些困难的工作。

3. 为了消除抱怨，你应该学会和同事正确交往

不少职场人的抱怨行为并非来自本意，而是来自于他们与同事之间的相处和沟通。因此，你应该学会挑选不同的同事来进行工作之外的互动。学会远离那些更喜欢抱怨的同事，主动接近那些对待工作和人生态度更为积极的同事。当你的心情郁闷时，和后者进行更多交流，并请他们指出你应该采取的方法和态度。这样，你就会逐渐为自己搭建起一个良好的人际圈子，并以崭新的面貌来面对工作，获得积极的能量。

感谢企业，是你需要它，而不是它需要你

绝大多数人之所以需要工作，是因为他们需要生活下去。这样的事实确凿无疑：只有工作下去，我们才能赚钱，才能有物质享受，才能获得人生继续下去的支柱，并对家庭和社会尽自己应尽的责任。而当职场人在工作中付出了足够努力之后，还很可能得到更加优厚的酬劳，随之得到更高的待遇，在精神上也能有更多的享受，获得更多的社会资源。

正如一位著名的成功学家所说的那样，工作是人们用生命完成的事情。对于工作，不能懈怠和轻视，而是应该怀着感激和敬畏去尽力完成。

然而，不少职场人并没有这么想。由于工作带来的压力和困难，让他们无法喜欢工作，觉得工作带来的更多的是麻烦，会束缚自己的空间。而另一些人则认为，自己在工作过程中被老板狠狠剥削了。因此，他们选择了应付

工作，即使努力，也只是为了自己眼前的利益，谈不上对企业存在感激和情感。

其实，工作不是一种灾难，而是为我们提供的礼物，在广阔的社会上，企业是家庭以外我们能找到的坚强港湾，也是我们向这个时代进行自我展示的最佳舞台。企业能够让我们生存和发展，它向我们提供了必要的工作环境、社会资源、人脉支持、办公设备和工作薪酬，给了我们努力开创事业的动机，体现了我们的职场价值。

因此，从某种意义上来说，离开工作、离开企业，职场人是否能够生存下去都会是问题，又有什么理由不去感恩企业呢？毕竟，对于普通职场人来说，他们更需要企业，而企业需要的则是他们更好的工作态度。

全球最大的快餐连锁企业麦当劳，曾经有过这样的著名职场案例：

家住悉尼郊区的查理·贝尔，少年时家境窘迫，难以支撑他的学业。为了尽快挣钱补贴家庭，他在15岁的时候到麦当劳求职。当时，他找到了当地一家麦当劳分店的店长，请求他同意让自己进店做一份兼职。店长看了看贝尔，发现他穿着土气，看起来也不怎么精明，便委婉地说目前店里不缺人手，希望他可以到其他地方去看看。

没想到，过了几天后，贝尔又回到店里，他更加恳切地希望自己能够得到一份工作，就算报酬降低也行。店长看到他如此希望加入，感到有点犹豫。于是贝尔进一步说："先生，其实我发现您的员工可能太忙了，这厕所的卫生似乎不太好，或许会影响到店面的生意。要不您就先安排我去扫厕所吧。我可以只拿最低的工资。"

店长想了想，发现事情的确像贝尔所说的那样，于是便同意让他先试试去扫厕所。

在一般工作者的眼中，扫厕所是被轻视的工作，但贝尔却对获得这份工作感激不已。为了做好这份工作，他每天清晨就来到店里，将厕所彻底清扫一遍，然后过一段时间就会查看一下清洁程度。另外，贝尔还在厕所中摆放了花草，让顾客能够在厕所中也欣赏到美好事物。

很快，店长宣布正式录用贝尔，并安排他接受了正规的工作训练。在随后的日子中，贝尔无论是擦地板，还是烘烤汉堡包，都充满了对麦当劳的感恩情结。随着他的努力工作，企业也给了他同样的回报。19 岁时，他成为了澳大利亚有史以来最年轻的麦当劳连锁店店长；27 岁时，他成为了麦当劳澳大利亚分公司副总裁；29 岁时，他成了麦当劳澳大利亚分公司的董事。

当贝尔回忆自己是如何从兼职的厕所工一路走向成功时说道，在自己还没有从学校毕业时，就决定要加入快餐连锁企业工作，而麦当劳给了他这样的机会，他为此感到幸运，并因此希望有机会感谢企业。这种感恩支撑着他持久的良好的工作态度，并在任何工作岗位上都能够持之以恒地奉献自己的努力。

2004 年，贝尔成为了麦当劳公司的执行总裁，掌管这家全世界最大的餐饮公司。后来，他虽然身患绝症，但还是继续坚持为他所热爱的企业工作了半年多。直到去世，贝尔都对麦当劳充满感谢之情。

这个案例生动地诠释了职场人和企业之间的关系，企业不仅为职场人提供了舞台，让他们从平凡的基层员工成为公司的业务骨干，从做最微不足道的工作到成为企业的管理核心带领所有人工作。同时，还能够帮助员工实现能力的锻炼、发挥和展示。

如果职场人想要培养自己的良好工作态度，就要学会从不同方面感谢工作环境中的一点一滴。

1. 要学会对上司和同事感恩

你应该为自己的工作而感谢上司和同事，因为他们是你在企业的合作者、领路者和支持者。作为企业的一分子，你应该真诚地为身边的每个人送出祝福，表达感谢。如果条件允许，你可以发送邮件或者写一张纸条给老板和同事，告诉对方你是多么感谢他在工作中对你的支持和鼓励，感谢他们提供给你的机会。这样的感谢方式诚恳而专注，因此一定能够让他们注意到你的谢意。

2. 对企业的感谢应该是自然的

需要注意的是，对企业的感谢心态应该是自然而然流露和表达的，不应该出于直接的利益换取和回报索求的目的。这就需要职场人不要仅仅为了个人的利益而去感激企业，而是应该对企业的价值有真正的认识，能够发自内心地认同企业文化，尊重企业在个人成长道路上所扮演的重要角色。这种感恩情绪更为感性和纯真，并非单纯地为了争取个人利益而萌发。持有这样的情感的员工会从内心深切地赞同：正是由于有了企业管理者的努力工作，企业才能有所发展，而自己才能有所进步。

3. 感谢企业，要学会知足

随着时代的发展和经济的腾飞，社会人对物质的追求越来越明确和直接。然而，我们想要获得真正的健康发展、安稳心态，能够持续用健康的身体和心理在职场中工作下去，就要懂得在感谢企业的基础上学会知足。

我们不妨将进入企业之前和进入企业之后的自身情况进行比较，可具体了解和感受到自己在企业中获得了哪些利益；另外，还应该积极想象自己一旦离开企业，会有怎样的失去，等等。当完成对这些方面的思考和推想之后，你会发现，今天的一切得来并不容易，应该有所满足，并为了维持现有的一切而更好地端正工作态度。

第五章

不待扬鞭自奋蹄——自动自发的态度是提升待遇的资本

很多事，无须有人交代就能做

一个能够主动开始工作的员工，对于企业来说，是最值得保留的资源。而对于上司来说，也是最值得信任和培养的下属。这是因为他不仅能在同样的环境、同样的时间内，为企业和上司带来更多的价值，更在于有这样的员工负责，岗位上的“安全系数”会得到大大提高。上司不需要担心某些工作因为自己忘记做出布置而就此荒废，也不用担心工作流程因为自己的忙碌而被迫停滞。这意味着有主动工作精神的员工，今天的努力，将能为他们明天的成功换来更多的机会。

观察职场，我们能够发现，那些很少等待命令，而是主动工作的员工，在长远上总会比那些只是盲目听命才行事，乃至一味抱怨的员工获得更多的利益。这些利益并不仅仅是物质的奖励，还包括工作经验、工作技能和工作机会。

主动工作，能够让员工在个人发展上占据先机。正如著名的管理学家、成功学家拿破仑·希尔曾经指出的那样：“在职场中，主动执行是员工的美德，这种美德能够让一个人学会在没有被吩咐之前就去积极主动地做他应该做的事情。这样的工作态度，将能够帮助他们提升待遇，并从中获得收益——无论是金钱还是名誉。”

在拿破仑·希尔的公司中，就有这样的案例。

他曾经雇用过一位年轻的小姐做文员，工作是拆阅、整理和回复希尔所收到的信件，同时还要听希尔口述并记录回信内容。在工作中，这位年轻的文员记住了这句话：“你唯一的限制，就是自己脑海中设立的限制。”此后，她的工作态度和工作行为完全改变了。她开始比其他员工来得更早，而在吃完晚饭后，又常回到办公室去工作，即使这些工作是并没有报酬也不是她分内的事情。

这位文员额外做了哪些工作呢？她开始研究希尔的写作风格，逐渐地适应了他的表达方式，渐渐地，她能做到不等待老板吩咐，就可以直接将写好的回信送到拿破仑·希尔的办公桌前。由于她日复一日的努力，这些信很快就能表达出拿破仑·希尔的个人风格，有时候甚至因为其女性思维而表达得更加委婉和到位。

这位文员始终保持着不需要命令就开始工作的习惯，后来，拿破仑·希尔的首席秘书辞职了。当希尔开始考虑让谁来填补这个职位时，他立刻想到了这位小姐。实际上，在希尔真正将职位授予她之前，她已经无偿地肩负起了首席秘书几乎绝大部分的工作。

当然，希尔意识到，这位年轻秘书的工作效率之高，已经引起了其他公司的注意，不少公司试图开出高薪将她挖走。由于她具备良好的工作态度和习惯，为整个公司带来了生命力，所以，拿破仑·希尔不愿意失去这样的重要下属，便多次提高其工作薪水，最后，她拿到的年薪是最初担任普通文员时所拿到的四倍之多。

这位文员之所以能够在职场上顺风顺水，并不仅仅因为她的勤奋。很多员工也很“勤奋”，他们觉得自己完成了老板交代的每一件工作，却得不到想要的提拔、晋升和奖励。实际上，他们总是在被动和迟钝地完成工作，这样的工作即使创造出一些成绩，也难以出众，更无法让上司产生超过期望的惊喜，继而做出对你超越常规的提拔和奖励。

对于想要获得更好待遇的职场人来说，不论在哪里工作，都要懂得开动自己的积极性，而不是坐等命令。对于一个能够在工作过程中最快发现问题、提前解决问题的员工，老板不可能不信任和轻视他，不可能不给他想要的待遇。

不要等待命令，而是主动出击，这是优秀员工形成自动自发的工作态度的第一步。为了习惯这样的良好态度，你应该在下面三个方面尽量加以努力。

1. 让自己保持对工作的观察力

很多人在刚进入职场时充满欣喜，对自己的工作内容感到好奇，希望能够尽快掌握工作内容、提高工作能力，但是，随着时间的推移，他们认为自己已经熟悉了工作，或者已经得到了原来想要的职位或待遇。于是，他们便失去了对工作应该有的观察力度，不愿意对工作深入观察，分析工作中种种细微的问题，解释这些问题产生的原因或带来的破坏，也不愿意转换角色去站在领导或客户的立场来看待自己的工作。正因为观察力的丧失，让他们每天觉得自己的工作都是在等待来自“观察者”即领导的命令，而他们所要做的只是埋头苦干。因此，你不妨让自己换一种思维方式、换一种观察角度去重新认识工作内容，发现那些工作中未曾深入思考分析的角落，随着观察力度的加大，你的工作主动性会大大加强。

2. 让自己掌握不同的工作方法

对于同一种工作，很多员工在熟悉了一两种方法之后，认为既然可以解决，就必然是个中老手，不需要再去学习不同的工作方法了。实际上，正是因为工作方法的欠缺，导致职场中很多人面对一些新的工作问题时，感觉束手无策，而只能坐等领导的指示。为此，你不妨在平时的工作中就积极尝试不同方法，并对这些方法使用的过程加以记录、效果加以分析、经验加以总结，当你的工作方法越来越充实时，你会发现，你的工作如同装上了自动导航系统的导弹一样精准、迅速。

3. 熟悉你上司的领导风格

必须承认，每个领导的管理风格是不同的。有的领导习惯于对工作细节逐一指点安排，细致入微，在这样的领导方式下，你可能会感到工作的压力较大，但却很容易清楚工作目标。有些领导则习惯于关注战略层面的工作，而将细节交给下属，在这样的领导方式下，员工首先需要分析工作所面对的目标，并对战略目标加以分解，明确其中的重点再开展工作，而不能将每一步骤的目标都寄托在上司的指引下。

总之，不会坐等命令的士兵，才是战场上最容易存活并能取得胜利的士兵。同样，在职场上能够将企业的事情视为己任，将集体的利益看作自己的利益的职场人，才会获得个人的成长和追求的圆满！

你能否把信送给加西亚

美国石油大王洛克菲勒曾这样谈论他对工作的看法："工作是一个可以充分展示才华的舞台。我们的知识、应变能力、决策能力、适应能力和协调能力，都能在这个舞台上展示。除了工作，没有什么事情还能够提供如此之好的自我充实和表达的机会。"

事实上，如果你对工作有接近这种看法的认识，在职场上，你一定会选择自动自发地去完成工作。所谓自动自发，就是在工作中的主动精神，这种精神是指你应该随时做好准备、把握住机会，展现超过他人要求的工作表现，并为了完成任务而具备足够创造性的智慧和判断力。

可以说，自觉自发是职场工作中一种相当美好的品质。这种态度能够保证职场人在并没有面对较大压力的情况下，就懂得自己应该去主动完成那些应该完成的事情。反之，职场上那些总是被迫去完成工作的人，他们的大部分时间看起来都在"辛苦"工作，却难以得到良好的待遇。

其实，对于后者，笔者建议他们经常问自己这样的问题：我能否将信送给加西亚？

送信给加西亚，原本是个历史故事。1897 年，古巴局势开始恶化，古巴民族主义者在哈瓦那和西班牙部队的士兵之间时常爆发冲突，而美国由于关注自己在古巴的利益，特意派出战舰“缅因号”停泊在哈瓦那港口。然而，1898年2月15日，缅因号被炸，让美国朝野一片震惊。当时的美国总统麦金利向西班牙大使递交最后通牒，要求他们立刻撤出古巴。

4月份，美国正式对西班牙宣战。在宣战之后，麦金利总统召见了军事情报局局长瓦格纳上校，总统提出的问题是：谁能送信给加西亚将军？

之所以这是个问题，是因为当时整个美国政府都知道，赢得战争的关键是和古巴的民族起义军合作，而当时古巴民族主义者的领袖是卡利斯托·加西亚，和他联系上，则是打开合作渠道的钥匙。但是，加西亚将军此时正率领部下在古巴的丛林中奋战，西班牙人正在全力找寻他，美国人更是不知道他究竟在哪里。

因此，面对总统的问题，瓦格纳上校毫不犹豫地推荐他中意的人选，他对总统说：“如果有谁能够将信送给加西亚的话，那么，他只能是罗文。”

一个小时后，罗文中尉就接受了这个任务。瓦格纳上校只是告诉他，加西亚将军在古巴的西部，而罗文只能独立地进行送信计划，而且只有他一个人去完成。罗文没有问一个问题，就动身去寻找加西亚了。

和今天的职场人相比，罗文并没有去问加西亚究竟在什么地方、长相如何、有谁是他的经常联系人、应该如何才能寻找到他，而是在获知了任务之后马上去执行。最后，他终于找到了加西亚，并将回信带给总统。随后，美国在对西班牙的战争中取得了胜利。

职场人应该设想一下，你能不能做那个送信给加西亚的人？你是否能够和罗文一样，在接受任务之后，去自觉自发地寻找关键因素和条件来促成任务的完成？是否能够和罗文一样，不需要上司不断地催促去完成任务？

其实，有不少职场人目前是无法做到这一点的。企业中常常能看到缺乏积极主动性的员工，他们工作需要别人来推动，而对于压力则是能躲就躲，甚至无法承担起应该完成的工作责任。对于这样的员工，不仅老板无法利用其价值，甚至连上司、同事都不愿意与之相处共事和共同合作。

他们并不一定就是能力上比其他人差，很大原因在于他们并没有充分地意识到要像罗文中尉那样自动自发地完成工作。这样，即使他们确实有十足的能力去完成这样的任务，上司和老板也难以对他们产生信任。因此，如果你想要成为那个送信给加西亚的人，就要懂得在平时训练并表现出主动工作的精神。

下面的方法，可以帮助你有机会成为那个送信给加西亚的人。

1. 重视上级在管理工作中表现出的注意方向

当上司和老板在管理企业或者部门时经常注意某个项目，或某领域的时候，作为其员工的你，需要对这些方向引起特别的重视。对于他们围绕这些方向所作出的命令，你应该做到不推诿、不延期，积极主动地去完成执行。这样，你才能确保自己的思维和理念始终能够跟得上企业的整体前进方向。

2. 让自己拥有老板心态

不论在哪里工作，都不应该只将自己看成员工，而应该将企业看成自己的财富。这是因为一个人的职业生涯除了自己之外，不应该受到他人的掌控，因此，面对企业这样的舞台，你应该将之看成自身事业的平台。职场人应该要求自己比老板更熟悉其所在岗位上的工作特点，更加积极主动地工作，能够对自己的所作所为肩负起应有的责任，并且能够持续不断地寻找方法解决问题。按照这样的态度做下去，才能成为有资格送信给加西亚的人。

3. 不要总是以请教为名推脱责任

一些职场人认为，对那些看起来自己难以解决的问题，最好的办法是“请教”上司。这样，无论工作是否完成，自己都能在很大程度上减免背负的责任。但是，当问题被交到他们手中的同时，就意味着责任的移交，无论是上司还是同事，只要他们按照规定完成自己的工作，就没有义务来帮助你做原本属于你工作范围的事情。

因此，职场人在工作中遇到困难时，应该首先向自己求助，做到不放弃、不停顿、不应付，主动求诸己身、观察客观环境，而不是试图请他人来为你设计方法和途径。

如果能做到上面这些，你将成为具备自动自发精神的员工，并进一步成为企业中那个有资格、有能力去完成“送信”工作的支柱人物！

机遇总在自动自发之门背后

人生中，几步路能够决定未来的走向，这一点被许多事例不断重复地加以证明。对于那些成功者，许多人在翘首羡慕的同时，会不由自主地发出这样的感叹：如果我得到这样的机遇，一定也能获得同样的成功！

渴望机遇的职场人很多，许多人在寻找机遇，机遇一旦出现之后，就会受到更多人的争夺。然而，怎样去主动发现机遇，甚至去创造机遇？不少职场人对这一点没有足够的察觉。其实，他们应该明白的是，机遇的出现总在自动自发工作的同时。

那些能够积极主动去承担工作责任的员工，他们比起其他同事更加渴望达到更好的工作结果，而这样的精神加上其原本的工作实力，就会打开机遇的大门。当职场人敢于冒失败的风险，去为企业的利益而主动工作的时候，他们很容易将自身丰富的知识、突出的想象力和创新思维结合在一起，并带来新的机会。这样的人，很明显在工作中会获得更多机会，并相比他人拥有更多的优势。

严辰是来自西部的年轻职场人，大学毕业后，进入了世界五百强之内的K公司。27岁时，他被任命为K公司在东南亚某国的首席代表。即使在并非具有传统商业文化的K公司内部，这也是个晋升上的特例。尤其值得注意的是，在晋升之前，严辰还只是K公司驻该国代表处的普通员工。同时，因为该国的经济不景气，K公司在该国的业务发展得相当不顺利，K公司已打算暂时关闭这家代表处。虽然已经做出决定，但是公司总部还是希望能够更多了解该处员工的想法，于是，严辰被选为员工代表去K公司总部汇报。

总部选择严辰来报告并不是偶然的。当初，在曾经到该国访问的公司总部副总的印象中，严辰聪明、活跃同时富有理想，有着对职场成功的主动追求。严辰坐上了飞往公司总部的航班，虽然大致知道会议的内容，却对具体的与会人员、会议议程缺乏了解，但他知道一点，那就是代表处并不是必须被关闭的。这样的希望和严辰自身前途固然有关系，但也是因为他早就构思好了一套改善公司在该国业务的思路。

在飞机上，严辰进一步整理了自己的想法，并结合公司前两年的发展计划和年度报告，完善了代表处未来两年内的发展计划。当他来到公司总部的时候，果然被要求在企业高层领导面前发言。于是，严辰毫不胆怯地阐述了自己的计划方案，并传递出整个代表处的信心和希望，恳切地希望企业高层们能够给予代表处一个重新振作的机会。

让人没有想到的是，严辰的发言改变了高层的决定，这个办事处被保留下来，而且还获得更多的投资。严辰则被任命为代表处的经理，成为K公司在该国的首席代表。

也许人们会羡慕严辰有好运气能拿到这样的机遇。但如果能够透过表面现象来看内在关系，就能发现，严辰的机遇是其自发自觉的努力工作所换来的。首先，他需要在平时进行漫长的积累，获得对工作的了解和认识，这也正是严辰为什么始终觉得自己应该用和他人并不完全相同的态度和习惯去工作的原因。其次，严辰还能够主动完成自己给自己规定的任务，包括收集信息、完成计划、说服高层，等等。

换而言之，如果严辰并不是积极主动的员工，那么，他就会由于平时缺乏自觉自发的工作，只能在突然接受到总部的召见时感到紧张不安。在短暂的准备时间内，既没有足够的知识信息储备，也没有充分的经验去思考问题、下定决心。同样，严辰能够抓住这样的机会，还来自于日常工作中自觉自发所形成的沟通能力、表现能力，而能够在企业高层的诸多领导面前毫不胆怯紧张，能够完全清晰准确地表达出自己的想法。

从上述案例中可以看出，当职场人在等待机会的时候，机会并不会突然出现在你面前，而是垂青于那些主动的人。在职场中，看起来美好而充实的机会，总是选择自动自发并愿意主动负责的人，对于被动、懒散而不愿承担责任的人，机会不会施加以特别的钟爱。

当你能够主动地做事，并为自己所做的一切承担责任的时候，就能够迎来机遇的光顾。反之，如果你只愿意在他人分配下工作，机遇会很早之前就被他人所获得。

那么，如何抓住工作中可能出现的机会？

1. 自发自动地去收集信息

日常工作中并不缺乏信息，缺乏的只是发现信息的眼睛。我们不仅要学会积极主动的工作，更要学会在工作过程中去捕捉和辨析信息，无论这些信息看起来是不是和自己目前正在从事的工作有关，都可以做到普遍关注、重点了解。这样，当有朝一日你需要去运用这些信息的时候，才能做到得心应手。

2. 主动对自身的缺点或者错误进行弥补或修改

一些工作上的缺点、错误，从当时的结果上来看，可能并没有造成很大的影响。这就很容易导致职场人并不会去马上进行弥补和修改。此时，我们往往认为，既然没有对工作结果产生负面影响，也没有让上司对自己提出批评，进行修正改变，若一味地弥补显然是徒劳无功的。但换一种思维方式考虑，如果职场人能够主动对自己原有的错误进行修正，就能够得到更为全面系统的思维体系，就能得到更加客观科学的工作方法，就能够在更加高效的工作过程中获得职场生涯的提升。这样，随着我们自身工作层次的提升，工作中蕴涵的进步机会就会逐渐增多。

3. 积累工作经验判断机会是否来临

企业中的员工经常面对许许多多的工作。因此，想要在一段时间内对所有的工作问题进行关注、对所有工作过程进行反思，是不现实的。很多职场人也正是因为这种现实和期待上的矛盾，导致工作注意力被牵制，即使个人的机遇到来之时，也无从真正辨别和认识。

为了破解这样的尴尬局面，你需要做的并非盲目付出更多的精力，而是学会利用一切场合、一切机会去积累经验，判断不同工作的重要性和价值，进而判断其中哪一项工作背后的机会是最大的。学会判断这样的差别，能够很大程度上提升你的职场运气。

综上所述，机会对于每个人都是不同的，它是主观差别和客观条件所形成的产物。当你能够自觉自发地充分调整个人的主观工作状态之后，机会到来的概率就会大大增加。

好学生知道“抢先完成”

在针对学生自主学习的研究过程中，教育专家们发现了很有特点的规律：凡是那些学习成绩优秀的学生，都能够在不同程度上基于对教学规律的理解，从而判断出自己学习的重点。浅显地说，就是好学生能“猜”出老师的出题方向。这种特点，能够让那些好学生总是抢先他人一步，提前明确自己的作业重点，甚至能猜中考试中不同题目。听起来，这似乎有点不可思议，但事实上，当作为学习者的学生能够同时理解作为教育者的老师，那么学生获得优良成绩也就并不奇怪了。

在职场上，同样也存在着这样的现象：好的员工明白领导的重点，甚至抢在领导决定和表达之前，就能基于自己对工作的分析而看清楚情况的发展，决定自己下一步的工作。

之所以选择提前完成工作，是因为想要获得较好的待遇，就必须要将自己工作的高效率表现在工作态度上。通过观察那些工作高效的人，我们可以发现他们很少说出“等一下”之类的话，而是经常说“我已经做好了”。能做到高效工作的人，总是那些可以提前明确工作重点的员工，只有这样，他们才能自己支配时间，而不是让自己被工作日程所支配。

小曹是某公司的文案策划员工，不知道是他职场生涯的机遇还是危机，他的上司虽然有着丰富的工作经验，但在语言表达方面却相当欠缺。每次，当上司提出一个专题策划计划以后，小曹都会在市场调研的基础上写出报告提交给他。

但是，上司经常会将这样的报告打回来，然后提出否定意见。但问题是，上司每每都说不清楚具体的理由。于是，小曹就只好问：“领导，你觉得咱们想要的是什么样的？”然而，上司还是无法表达清楚重点，讨论半天后，上司很着急地说：“就是感觉，你的感觉有问题，和我们想要的不一样。”

小曹碰到了自己职业的瓶颈，他知道，过多讨论没有意义。于是，下班之后，他主动留了下来，开始研究这位上司以前提交的成功的报告，还有他做过的那些大获好评的市场营销方案。在奋战了一周之后，小曹开始对自己的上司有了新的认识，他开始了解为什么上司说自己的报告没有感觉，同时，也清楚了上司在市场营销工作中所欣赏重视的、乐于提倡的一系列特点。最终，小曹明白了在这次新的报告中应该找到怎样的感觉。

最终，小曹自己修改好了报告，上司看到报告以后喜出望外，拍着他的肩膀说：“你真是跟我想到一块去了！”

此后，小曹成了上司眼中的得力助手，两人的沟通也容易多了。小曹经常将自己放在上司的位置上，在面对具体工作的问题时，想象如果自己是上司，有着他那样的经验和思维方式，会需要怎样面对现在的情况，会调动哪些资源来解决问题，会分配哪些工作给不同的员工。因此，很多时候，当其他同事还不知道自己应该做什么的时候，小曹已经开始准备工作甚至提交结果了。逐渐地，上司觉得小曹就是个很“省心”的下属，因此，总是会和他商讨工作，并做出计划，达成一致。

两年后，上司调走了，在临走前，他郑重其事地向董事会提交了人事建议，建议董事会让小曹接替他的位置。

对你的上司工作上的习惯、理念和动向进行研究分析，并不是让你去成为上司的“心腹”，单方面地阿谀奉承。而是让你能够自动自发地适应上司的工作模式，能够展现出自己的进取。如果一个学生喜欢琢磨他的老师，他就能将老师的理念作为方法，成为“学霸”，而如果一个下属喜欢琢磨他的上司，那么，他就能获得上司的欣赏，成为职场上的胜利者。

需要注意的是，没有一个上司喜欢那些工作被动，总是需要自己去将事情布置到他眼前的员工。这些员工即使能够做好分配给他们的工作，也经常表现得无法跟上上司的思维速度，更不用说在上司想到之前就充分重视工作的重点了。那些主动工作、自动自发思考的员工，能够不用上司全力监督，就主动维护好自己的岗位，并做出符合企业集体利益和上司个人工作设计的行动，当然能够博得上司的重视和欣赏。

同时，更为实际的是，大部分职场人在企业中都是从基层做起的。而企业基层的管理者，所能感到的员工最大的分别常常并不是他们的业绩，而是他们个人的领会能力，那些能够举一反三、提前准备的员工，会成为基层管理者的得力助手，让这些管理者感到非常得力，并因此愿意推动他们的发展。

其实，职场给予每个人的都是公平的。如果说员工因为老板总是不能及时给出工作指示而抱怨的话，那么，老板们更有理由因为员工常常无法适应他们的思维而抱怨。一个想要获得更好待遇的职场人，绝不能让你的上司有这样的想法，而要像那些善于“抢跑”的好学生一样，让自己的行动快一点。

1. 尽早开始“模拟”上司角色

想要正确地提前做好工作，你需要站在对自己的管理的基础上，去模拟上司的角色。这样的模拟训练并不是一两次就可以成功的，从最早和上司合作开始，你就不妨按照每天、每周的时间段，摸准那些上司可能着力安排的工作。为了提高这种练习的准确率，一开始，你可以为自己模拟的上司角色安排几种不同的领导方案，然后自己根据这些方案，选择不同的对应方法，一旦上司表现出对于其中某种方案的倾向，你就可以真正着手实行对应的工作步骤。通过这样的训练，最终，你将能够更为准确地判断上司的选择。

2. 在开始工作之前做好充分准备

提前开始正确的工作是必要的，但是在开始工作之前，职场人应该从不同方面做好准备，以确保提前进行的工作能够获取应有的成绩。

例如，职场人应该提前做好工作资源的安排和调动，寻求工作所需要的合作关系，确定工作目标，做好工作时间的计划等。只有在做好充分准备的基础上提前工作，才能保证不会浪费时间和精力，得到正确结果。

3. 提前完成也需要谨慎

提前进行工作，的确能够帮助你获得业绩上的进步、得到上司的奖励。但如果盲目地提前工作，带来的很可能也是失败。因此，提前完成工作，需要职场人做出充分仔细、理性的观察，例如，上司在不同环境下对同一个工作项目重要性的表述，或者是他们正在进行的工作内容如何支持工作项目，或观察周围同事对自己工作方向变化做出的反应等。另外，职场人还应该在提前完成工作的过程中积极注意来自不同方面的反馈，适时地调整自己的工作重心，以便及时跟上环境的变化和发展。

当你能够做到将工作准备放在老板开口之前，相信你已经占据了职场中竞争的先机，因此，不要过于担心失败，在分析好形势的基础上，你不妨做那个提前行动的好学生！

敢不敢有“非分之想”

在职场中，很多人秉承着做好自己的事情，不去管自己不该管的事情的原则，甚至一些所谓的职场宝典书籍也告诉我们：不要去尝试做那些分外的工作，因为你做得越多、错得越多，做得越少、错得越少。在这种理论的误导下，如果你是基层员工，就应该做好自己的职位说明书上的工作，而不应该去管任何职责以外的事情，更不要去为上司和老板计划。之所以如此，是因为古训说“不在其位不谋其政”。小心让别人误认为你有非分之想，然后木秀于林风必摧之……

然而，抱有这种千万不要做出非分之想的理念，同时，又希望自己能够在职场中不断提高待遇，能够获得越来越快的晋升，甚至有朝一日取代老板，这当然是不可能的。如果你永远只站在自己的职责圈子内，只处理手头的那些工作，无论是上司还是周围同事，都无法看到你的工作能力和工作态度。这样，你就始终只能得到原有级别的工作机会，而没有得到更大考验的机会。另外，如果你只关注自己岗位的工作责任，看不到其他同事的困难和问题，上司和周围同事很可能认为你没有应有的合作精神，并缺乏足够责任感。

因此，多有一些“非分之想”，并因此而做一些分外的工作，并不会给基层的职场人带来什么“横祸”。相反，还能够帮助他们获得更多工作经验，获得更强大的工作能力，以及应有的信任和依赖，从而让周围同事更加愿意同他们合作。

而当你成为一家企业的中层员工之后，就更加没有所谓的“分外之事”。这是因为，只有当你获得了能够将自己当成公司主人的正确态度，能够主动去完成自己看到的工作，你才能受到应有的对待。你所处理的那些“分外之事”，并不是在为其他人做，而是在为自己做。

李开复曾经担任过微软的副总裁、谷歌的中国区总裁。当他刚刚进入职场时，曾经在苹果公司负责技术方面的基层工作。在苹果那段艰难的日子里，公司的经营状况相当让人失望，员工的情绪和士气也因此十分低落。如果无法在短时间内找到突破的方法，状况很可能变得更糟糕。

当然，这些问题原本应该是市场部来想办法的，并不在李开复所负责的技术工作范围中。然而，李开复并没有将之当成分外之事，他觉得，既然公司不懂，就有必要主动帮助公司去发现和解决问题。因此，他时常思考这件事情，并积极地尝试形成方案，确定方案后帮助企业渡过不顺的阶段。

某一天，他忽然发现：苹果公司技术部门开发出了不少多媒体技术，但是，缺乏在用户界面设计方面有经验的专家来管理和综合，因此，这些软件没有办法形成足够实用的软件产品。李开复认定，这正是苹果公司解决问题的突破口。抓住这个关键性的因素，他写了一份报告，重点在于强调怎样通过互动式的多媒体技术来重新打造苹果公司的辉煌。这份报告很快得到了公司高层的重视，并在整个公司多名高管手中传递。最后，苹果公司决定采用李开复的方案，重点发展便于客户体验和使用的媒体软件。同时，李开复还被任命为互动多媒体部门的总监。最终，他用自己的努力为苹果公司带来了利益，而个人也顺利地实现了在企业中的上位。

李开复之所以能够成功升职，就是因为他并不只是局限于做好自身分内工作，而是愿意主动承担更多的工作责任。当一个员工能够每天在自身分内工作之外做得更多一点，比上司和同事期待得更多，那么，他获得较好业绩的可能性就会不断增高。

想要像李开复那样获得成功，你应该做好下面几方面的事情。

1. 设立明确的分外任务目标

无论你在完成上司要求的哪项工作任务，你都应该设立一个明确的分外任务目标，这个目标应该是具体围绕原有工作任务而设立的，并包含有具体需要完成的数字、状态和业绩。这样，你就能够在完成本职工作的同时，也能关注和完成其他工作。

2. 抓住那些没有人愿意做的分外事

有些工作其实并不复杂和困难，但在企业中经常却没有人真正愿意接手。这是因为这些工作看起来并没有足够的短期价值，或者无法“展现”个人工作能力。对于这些工作项目，你可以在条件许可的情况下适当完成，虽然这些工作暂时无法让你获得上司的肯定，但一旦他们发现你对这些工作的关注和重视，就会认同你的工作态度，并因为赞同你的工作态度而将你和其他同事区分开来。

3. 不要抱怨突如其来的分外工作

职场中，抱怨突然而来的分外工作而最后还是将之完成，这样的事情对你很不利。抱怨这些分外工作，既让人觉得你过于精明计算，又让你显得缺乏职业精神。任何团队的成员和上司都不会喜欢这样的人。因此，当分外工作到来时，你需要做的是及时安排好手头的工作，并乐于接受新的挑战，你的态度一定会被他人看在眼里，同时为你未来的成功增添砝码。

希望自己的待遇和老板比肩，就要像老板一样思考

如果你是企业的老板，会怎样看待自己的企业？相信你一定会希望企业中充满勤奋努力的员工，他们能够将企业当成他们自身的平台并为企业着

想。这样，企业才不仅仅是你一个人的财富，而是所有人注重的努力目标。

同样，你现在的上司，也对你有着这样的期待。他希望你能够和他一样，将企业当成自身的事业，付出更多努力，更加勤奋积极地行动。如果你想要让自己和上司一样获得高薪、有着不错的生活条件，那么你就应该和他站在同样的角度，并为他的企业着想。

要求自己能做到像老板那样工作，并不仅仅是简单的企业主人翁意识，更是对自己工作态度提出的更高要求。当你能够像老板那样工作，你起码能够获得下面这些工作态度上的改变：获得更强的工作责任心，能够积极主动地做事；更加重视对客户的服务，并努力争取更好的工作效果；工作能力得到更充分的提高，并赢得更加真实的尊重；因为对工作的认真投入，会获得更多同事所提供的支持……拥有这些，你将会从众多员工中脱颖而出，并有更多升迁的机遇。

其实，绝大多数老板都不是带着金钥匙出生的。在职场上，他们也是从基层员工做起的，他们在打工时的态度，决定了他们将来是否有可能成为企业的核心。因此，你现在学习老板的工作态度，是为了你在职场上的未来。

刘敏刚到企业时，做的只是财务部普通的出纳工作。起初，他向老板汇报自己工作过程和结果的时候，只需要提供那些真实的数字就可以了。不久之后，刘敏发现，自己的工作其实还远远不够，有着很多可以改进的余地。于是，他站在老板的位置上思考：如果自己是这家企业的投资人，希望财务部门能够提供怎样的信息。很快，他发现，自己可以在汇报每个月收支损益数字的基础上，做进一步的分析。例如，指出企业经营的发展速度、具体特点和可能存在的风险。为了做好这样的分析，刘敏专门请教了其他部门的前辈，还自己进一步对整个企业和市场进行了充分了解。当这些资料被集中起来交给老板之后，老板对他主动的工作态度提出了表扬。不久之后，老板任命刘敏为财务部门的副经理。

事实的确如此，当你采用老板的工作态度来应对工作时会发现，自己在工作时能够踏实进取。你将因此而拒绝抱怨，反而珍惜自己的工作，并能够站在企业的角度上去考虑问题，对企业真正做到负责。这样的员工能够想企业所想、急企业所急，哪个企业会不重用呢？

对于不少在职场上无法得到提升的员工来说，他们犯下的最大错误就在于认为自己是完全为企业老板所工作的，而并非在做自己的事业工作。想要改变这样的状态，你应该做到像老板那样对待企业，并掌握下面的工作内容。

1. 向老板学习

那些成为一个企业核心人物的老板们，必然有他们的可取之处。因此，通过仔细观察和研究老板们的工作行动和行事思维，你会比那种保持麻木不仁的工作状态的员工有更多的发现。你可以结合企业老板的优点和长处，与自身进行比较，之后再进行总结和学习。例如，学习老板的责任心，更加努力地做事；学习老板对市场的关心并及时总结，等等。

2. 拥有老板的工作心态

想要学习老板，一定要拥有老板的心态。不妨站在雇佣者的角度，考虑自身的工作态度，并用老板的眼光来进行审视。这样，你将对自己在不同工作环节中的表现做出客观的分析。由于保持这样的分析能力，你将更加容易地找准最佳工作方法，进而让自己的工作过程得心应手。

3. 正确使用企业的资源

企业的老板之所以对企业的资源精打细算，是因为他们不希望看到企业的资源被轻易浪费。但不少普通员工却没有这样的工作态度，他们觉得企业的资源和自己并没有关系，因此在使用时漫不经心，造成成本开支过大。

不妨转换自身的工作态度，不要再认为企业的金钱和资源与自己无关，而是设身处地地对老板负责。在工作中，看重资源使用的方法和效率，用好企业的每一分钱、每一份原料。这样，即使老板没有发现你的优点，你也能收获更加良好和成熟的工作习惯。

第六章

人心齐泰山移——合作的态度赢得更多待遇提升的机会

以十当一最厉害

无论你是企业中的管理者，还是最基层的员工，甚至在你还没有进入职场之前，都会有成为某个团队的成员之一的经验。在社会生活中，不同形式的团队组织、团队合作，影响着我们每个人的生活。大部分人都可能参加过下列团队，如学习团队、工作团队、社交团队等。

所谓团队，实际上就是在执行共同任务过程中所形成的互助群体。在这样的群体中，通过其内部的人际交往互动，来相互影响彼此行为，同时，将整个团队定位为和其他组织所不同的实体。例如，自主工作团队、自我管理团队、授权团队、跨部门团队、管理团队、项目团队等，都是企业中不同类型团队形式的表现。而在实际工作中，不论是理论性的研究，还是针对上述团队的工作，都能够使我们获得更加良好的工作态度和工作技能。

近年来，企业组织重用团队的现象不断增加，而对于职场人来说，发展团队工作适应力、团队合作技能也就变得更加重要。

例如，《财富》杂志所列举出的全世界1000强企业中，大都采用自主管理工作团队，其中91%使用的是以员工工作群体为特点的团队。即使在商学院中，目前，也很少有学生不参加团队活动、团队项目就能获得毕业资格。因此，作为当下时代的企业员工，缺乏对团队重要性的了解，将是工作中的重大缺陷。从另一角度来看，因为团队的重要性，使得看重领导、管理和与团队合作的能力，成为大多数企业对员工提出的一般性要求。

团队之所以受到重视，最简单的原因是其能对人力做到优势的整合。在过去的时代中，我们常常欣赏那些能够“以一当十”的员工，这种充满英雄主义色彩的工作者似乎更能够在企业中出风头。但随着时代的发展、社会的要求，今天的企业已经不可能依靠一两个拥有特殊才华和能力的员工在市场上常青不败了。对于企业来说，更重要的是在实际工作中打造出那些“以十当一”的团队，因为这样的团队带来的竞争优势常常是最厉害的。

具体来说，在团队中，不同的成员可以做到相互帮助，弥补彼此的不足。因此，这样的团队显然比单打独斗的员工结构具有更为强大持久的战斗力。

想要成为团队中工作态度出众的员工，你首先要认识到团队工作优势的具体表现。

协作：团队成员有着共同的工作目标，因此一个真正强大的团队，能够完成的工作是所有团队中的员工无法单独完成的。同样，这些工作目标也不是他们各自工作结果的简单叠加。

效率：团队的融合、协作，能够帮助团队找到最为有效的工作方式，而工作效率也会因此而不断提高。

使命感：随着团队的不断成熟，团队会带给每个员工以各自应有的使命感，并依靠这些使命感使员工之间相互约束。

技术结合：团队员工之间能够合理分配不同的技术问题，利用各自工作特长进行有效解决。

决策：因为更多员工的参与，团队能够做出更加公开、合理的讨论，并充分听取不同意见。

适应力：由于团队由不同员工所组成，因此，与个人形成的个性工作经验和工作模式相比，团队工作方式能够产生更大的变化可能。对这种可能善加利用，团队就能得到更好的灵活适应迅速变化的环境的能力。

正因为上面所列举的这些优势，小到个人，大到跨国企业集团，对团队的价值都有着充分的认识。如果没有对团队合作的推崇，企业中的员工即使能力再强，也并不一定为企业带来收益，更有可能无法保持良好的工作态度。

在法国，斯伦贝谢是一家著名的大型集团公司。该集团主要负责从事石油勘探、原油开采和加工以及设备的销售。公司招聘员工时，经常会采用下面这种突出团队工作价值的面试方法：他们将所有应试者按照每5名一个小组的方法进行划分，并向他们提出，假设他们现在需要乘船去南极，应该如何提出各自的造船方案，同时做出可以参考的船模。在这些临时组建的团队的讨论过程中，负责面试的领导者会根据应聘者对于团队价值的认识和团队对他们自身工作的影响进行打分。其中，每个人如何参与造船方案的讨论、如何进行各自陈述，以及如何与其他团队成员动手一起制作模型，都会被打出相应的分数。通过这个方式，该企业不仅能够了解应聘者的创新意识、沟通能力和实际动手操作能力，同时，企业还能看到他们是如何评价和认识团队价值的。

在该公司举行的面试过程中，有些应聘者的确展现出了较强的动手能力，他们设计出的具体方案也很不错。然而，由于这些员工没有认识到团队力量的重要性，因此每当他们的想法和其他人不一致时，他总会坚持自己的想法而不和其他人商量，导致自己无法真正融入团队。还有一些应聘者在总结陈述方案时，没有准确而全面地反映出整个小组团队的整体看法，导致团队的整体协作力量大打折扣。这些现象都说明，应聘者对团队“以十当一”力量认识的不足，导致他们不善于和人沟通，不能准确理解团队成员的意见；或者是不善于对团队进行领导，不能通过协调团队成员消除看法上的分歧来达成共识。

一个效率较高的团队，能够使内部的成员和外部的客户都从工作中感到满意。团队总是和更高挑战、更加全身心的投入、更多的通力协作和更大的追求相关。因此，无论你在怎样的位置上工作，都要学会重视团队的价值，并发扬团队精神。

想要在融入团队的过程中，得到团队“以十当以一”的力量，应该从下面几个方面着手进行自我提升。

1. 要明确你所在团队的目标

团队之所以能够团结凝聚在一起，并获得共同的进步发展，在于团队有着一个明确的目标。职场工作中，你作为单独的员工也许相当茫然，但是，当你进入团队之后，就会和他人共同分享工作目标。这样，你才能拥有自己的具体目标并不断奋斗，发挥自己的聪明才智，创造更大的价值。

2. 学会在团队中成长

作为一名普通员工，想要在企业中获得立足之地，就应该融入团队，并在团队中成长。因此，你应该清醒地认识到自身就是团队的一员，并在自己和团队之间建立起联系的管道，进而形成充分的凝聚力。同时，在你融入团队之后，应该学会利用团队的集体力量来指出自己的优势和不足；同时也应该积极观察他人的优点和弱点。你应该积极发挥自身优势，让它成为团队的优势。这样，你将能够更好地充实团队的力量。

3. 学会分析自己的团队

身为团队中的一员，你应该通过自身的观察分析，对所处的团队进行充分的了解。例如，对团队总体发展状态的评价、对团队目标设定的了解、对团队具体成员组成结构的充分认识等。只有充分了解了团队，你才能了解自己在团队中的位置和意义。

乘风展翅，飞得更高

员工想要在职场上获得更高的成就，想在上司的心目中占有足够的分量，最好的办法就是获得能够托举你的力量。正如《红楼梦》中薛宝钗所说："好风凭借力，送我上青云。"这样的好风，绝大多数都来自于团队，来自于你和团队的紧密合作。除此之外，职场人并不容易找到任何其他的强势条件。

对于绝大多数职场人来说，在身处的环境中都不算什么强者。如果你初入某个工作环境就更是如此：对上司的工作风格、脾气秉性并不了解，对同事不算熟悉，对客户缺乏沟通，对工作业务不完全熟悉，等等。因此，无论在具体的工作，还是在人际关系的拓展上，职场人都无法和已经在这个环境中熟悉了的资深同事相比，也很难在这个很短时间内就获得上司的肯定。

这一点，是职场人必须认可的事实，并不需要用逃避的消极心理去对待，更不需要装作已经熟悉了团队，对一切工作都很了解的样子。因为在这个阶段对我们来说最关键的并非他人的短期评价看法，而是如何改变他们长期的看法；如何顺利实现从加入团队初期的陌生到熟悉、熟练，最终成为团队中的正式成员，与同事之间实现得心应手的配合。

其实，想要乘着团队合作的风展翅飞得更高，最简单的办法就是让自己像普通成员一样融入团队，暂时忽视自己的个性，寻找团队的共性，和所有其他成员紧密结合成为一体，相互之间能够做到团结合作。这样，既能学习到他人的长处，又能正视自己原有的不足，即使在面对团队共同的困难之时，也能依靠团队共同进退、共同解决。这样，你就不再只是刚刚进入团队的新人，因为你已经和身边众多的团队成员形成了多数人的优势，而这样的优势也确保你获得了整个队伍的战斗能力。

索尼公司刚创立时只是一个拥有20多个成员的企业。在老板盛田昭夫的邀请下，技术专家井深大加入了公司。盛田昭夫诚恳地说："您在电子技术方面是非常优秀的专家，在我们这个小企业中算是权威人士了。所以，我必须要把您安排在最重要的位置上，就由您来全权专管这次新产品的研发吧。如果您的工作有进步，我们这家小企业肯定会有重大发展的。"

井深大看见老板对他如此重视，也感到自身责任重大。但他多少有些犹豫，说："我是愿意承担这样的责任。但是，专家的赞誉我还不敢承担。现在的我只是初出茅庐，实在担心有负您的希望。您能指点一下，我应该如何努力呢?”

盛田昭夫对他说：“对任何人来说，进入一个新团队都是需要有适应期的。不过，你不用担心，我们公司还有20多个同事啊。只要大家携起手来，还有什么困难能够难倒咱们？我相信，只要我们的智慧能够完美地融合在一起，一定能够打造出完美的产品。”

井深大听后豁然开朗。的确，工作的关键在自己，但并不意味着工作的事情全都是自己来做，还有20多位同事，可以虚心地向大家求教，和大家共同奋斗，就能让团队的战斗力量形成“风力”，将自己托举上成功的顶峰了。

于是，在磁带录音机的研发过程中，井深大首先找到市场部成员，和他们一起讨论产品设计应该防止出现的缺点，并怎样去赢得用户的喜爱。

市场部的员工提出，现在已有的磁带录音机目前之所以不好销售，首先是因为过于笨重，一台录音机重量大约45千克，让客户很难接受；其次是因为价钱太贵了，每台售价高达16万日元，普通人是很难承受的。这样的缺点导致产品半年都卖不出去一台。希望在设计时，市场部设计人员能够克服这两个缺点。显然，这样的建议帮助井深大明确了自己的研发重心。

接下来，井深大又找到了信息部的同事。他们告诉井深大这样一个信息：根据最新市场信息，美国人已经开始采用晶体管生产录音机，不但大大减少了成本，还便携易带。信息部门建议设计部门在这方面多做研究。这个建议又帮助井深大明确了自身工作的方向。

在生产过程中，井深大每天都和负责生产的一线工人进行细节方面的探讨，他们攻克了不同的技术难关。最后，井深大终于在1954年设计出了日本最早的晶体管收音机，作为索尼公司的新产品推向市场，并得到了客户的认可。从此之后，整个公司都开始了完全不同的发展，而井深大则凭借自己融入团队和借助团队的力量，从公司里的新人成长为公司的副总裁，实现了个人的提升。

融入团队的过程中，某些职场人会觉得自己能力和资源不够，担心自己与他人相比差距过大。于是，他们选择依靠自己的努力工作，而拒绝和团队合作，但这样很容易导致自己陷入困境。显然，这样的选择并不理智。其实，借助团队的力量，让职场人从弱变强，也是员工通过团队合作取得成功的重要途径。

在借助团队力量的过程中，职场人可以通过下面的方法实现成功。

1. 要做到在团队中互助互利

在一个团队中，成员应该做到互助互利，这样，才能够产生足够的合作氛围。因此，职场人如果想要有效地推动合作，必须要能够和整个团队互助互利。想要获得回报就必须要有付出。因此，当你先向团队付出之后，团队合作也就不再充满那么大的压力，获得团队的回报也就顺理成章了。

2. 借助团队，必须要充分信任

想要获得团队的力量，就必须做到在团队中持续、充分的诚实。这样，才能很快得到团队成员的充分信任。在此信任基础上，才能获得良好的合作效果，进一步借助团队的力量来帮助职场人提升自己的技术能力、人际关系和业务知识，并进一步自由地共享彼此观点和信息。

3. 学会利用团队不同成员的特点

在你解决问题的过程中，必须学会充分吸收不同团队成员的特点。因此，你必须集思广益，广泛地吸收不同成员的丰富知识及成功经验，将之变成自身工作成长的推动力。这样，职场人就不需要再依靠独自工作只朝向单一方向努力，而是能够获得更加多元化且更加可靠的力量。

精诚沟通，金石为开

在职场中，不少人都曾经遇到过这样的问题：在自己的工作环境中，总是感觉相当别扭，始终无法适应整个团队。团队内的不少事情虽然看起来和自己有关系，但实际上又是自己没接触过不知道该怎样应对的。因此，这样的员工总是希望能够尽快和周围环境磨合好，以便适应整个团队。但是，他们感觉在这个团队中，那些资格老的同事和自己经常没有共同话题，甚至表现得对自己缺乏好感，让他们觉得无所适从，但自己也拿不出更好的办法。

其实，即使在熟悉一个团队以后，情况也有可能同样糟糕。即使是一些职场“老鸟”也发现，自己在公司内除了最熟悉的几个人之外，和其他部门的同事缺乏应有的联系，在工作上的合作也因此而更加生疏，想要和他们拉近关系却不知道如何着手。

这样的困境，实际上正是职场人需要解决的沟通问题。由于缺乏必要的沟通技巧，职场人很容易陷入困境。而想要真正获得精诚合作的良好局面，你需要的是打开沟通局面。

大刘在某企业的客户服务部门工作四五年了，虽然他对客户服务工作非常认真，为企业带来了不少来自客户的好评。但是，他却始终没有得到升职。大刘感到很奇怪。在请教了一位专业导师朋友以后，他才发现自己的问题在于沟通。

在工作中，在客户服务部门，有不少事情需要与其他部门或同部门其他同事沟通。大刘觉得自己资历老，而且对工作负责，一旦发生自己看不下去的事情就习惯，不加修饰地直接说出来。大刘觉得，这才是对整个部门同事的关心负责。

比如，有的年轻人将茶水直接倒在废纸篓里面，漏出来一些水，大刘就一脸严肃地说这样做不行，破坏卫生；有的老同事在办公室里偶然抽了支烟，大刘就义正言辞地说："要抽出去抽，别害死我们"；有的人用电话和客户聊了几句家常，大刘就会过去说："有事么？没事还是挂了吧。浪费公司的资源。"……大刘认为，这样做是对同事们的善意，因为这些情况要是被上司看到，整个部门肯定都会受到影响。

但是，大刘觉得，自己这样的好心在同事那里并没有得到良好的回报，反而将大家都得罪了。工作时，几乎没有人愿意和他分在同一个组。即使是同事下班之后的聚会，也没有人愿意邀请他。连上司也提醒过他几次，说和同事的关系再僵化下去，恐怕对他的评价会降低。大刘很想不通，自己明明是对工作负责，为什么会是这样的结果？

其实，大刘的实话实说并没有错。在职场中，正直且心胸坦荡的确是应有的职业道德。但大刘的错误在于他的实话实说没有考虑到沟通的目标和效果，没有考虑到时间、地点、对象和方式，同时也没有考虑到他人是否能够顺利接受。他这样的"沟通"不仅无法达到实话实说的初衷，反而会给自己与团队的融合带来更多麻烦。

在团队合作中，沟通不仅能够帮你建立好人际关系，更能解决合作过程中的障碍。职场工作中会有各种各样的障碍，这些障碍大都来自于对工作缺乏了解。这种缺乏了解产生的原因常常是对真实情况和信息的掌握度不够。如果我们不能掌握应有的情况和信息，自然很难让问题简单化。但是，有效的沟通可以帮助我们收集更多的信息，从新的角度认识事态情况，从而帮助我们克服障碍。

同时，现代企业中的工作关系中最被看重的合作方式是"共赢"。想要达到共赢，就需要明确双方的共赢点。找到这样的共赢点，同样需要你知道团队中不同人想要的是什么，并在此基础上追求合作。

为此，在团队中，与其他同事沟通时应该遵循下面这些原则。

1. 学会就事论事

在沟通过程中，应该尽量让对方感到你是在就事论事，而不是在对其个人进行随意批评，也不要对他人做出的行为随意加以指责或纠正。你应该做的是对事情的本身进行分析和解读，从而求得他人的理解。如果直接对同事个人加以指责，很可能使对方产生对立情绪，致使沟通产生障碍。

2. 在沟通中多用赞美

团队之间如果缺少富有人情味的沟通，就会导致相互之间不断猜疑并出现破坏性因素。而那些不懂得赞美他人的人，表现出的大都只看重自己而忽视他人的价值。他们对待同事的缺点、错误，总是不能表现出正面的态度。其实，适当运用赞美，发现他人的优点，可消除隐形矛盾，让你和团队成员之间的关系更为亲近，并获得更加紧密的团队联系。

3. 学会更多的沟通技巧

在团队内部的沟通中，应该积极地考虑对方的立场和情绪。沟通前，应该认真地思考对方的性格、地位、资历和工作特点，并对其牵涉的具体的利益进行分析。在这样的基础上，才能更好地选择对方所能够接受的方式，进行更好的沟通。实际上，设计好沟通途径、利用好更多的沟通技巧，就是沟通取得成功的重要步骤。

赢得认可，再没人嫉妒你被提升了

怎样让自己在团队中变得更加优秀？怎样让自己的努力在团队中产生更大绩效？这些问题是许多员工所关注的，所以都希望能够迅速获得整个团队中来自上司的赞许和同事的支持，从而为自己的职业生涯获得更多机会。然而，如果你发现自己在团队中的工作并不顺心——甚至你的业绩非常出色，依然如此——那么，很有可能是因为你和周围那些同事们相互之间并不真正了解。你虽然能力出众，却不懂得怎样和他人进行交往、周旋，也不懂得如何和不同性格的同事合作。这样，即使你因为突出的业绩被提升，也会招致来自团队的反对和嫉妒。

正如一位贤者所说过的那样："无知是最高的傲慢。"也可以说，在团队中，如果你缺乏对周围人的客观认识和了解，就很容易误解他们，进而处处碰壁、到处受挫。这样，你面对的将不再是可以信任与合作的团队，而很可能是充满怀疑甚至敌意的眼光，这将导致你不得不抱着怀疑的眼光看待同事，试图采取"更好"的对策。

与其如此，不如从一开始就做好沟通，让整个团队都能够认可你为工作所付出的一切。我们可以从下面这个职场案例中获得充分的经验：

人事部门经理离职了。在离职之前，他特地面见了公司的老总，向他推荐部门中的郭敏来替代自己。然而，因为种种原因，最终坐上此部门经理位置的却是徐良。不少人都觉得郭敏一定会感到很委屈，因为郭敏不管是工作经历，还是工作业绩，或者是自身的学历，抑或对业务的熟悉程度，都要比徐良高出几分。有些同事还带着几分关心和几分不满在郭敏面前说："这次没有让你接替位置，实在是太不公平了。"然而，对于这些话，郭敏只是淡然处之，他觉得既然上司这样任命，自然有他们的道理。因此，郭敏倒是经常和其他同事说自己不如徐良的地方，比如徐良能够积极领会上司的意图、在员工中有广泛的支持，等等。

一开始，徐良觉得自己得到职位让郭敏希望落空，心里或多或少对他有所提防。没想到，郭敏对此似乎并没有太过重视，他一样和徐良在交往与合作中保持着应有的上下级关系，这让原本对他多少有些防备的徐良最终释然，并感到意外和感动。

第二年，郭敏在公司的晋升考核中得到了第一位晋升的机会。身为人事部门经理的徐良在其中当然起到了重要作用，而全体同事对郭敏人品的认可也足以支持他晋升。很快，郭敏被调往客户服务部门担任经理。对于这次晋升，公司上下没有一个人不服气的。

职场中，紧张的压力很容易让人们变得神经紧绷，因此，人们更容易变得脾气暴躁、充满猜忌。这也正是不少人将现代职场形容为钢筋水泥的丛林战场的原因。如果深陷战争中而不能自拔，甚至乐于见到战火，员工更会不堪重负。其实，与其因为自己在工作中遇到了不公平的对待，而想方设法去压制对手、证明自己，不如冷静下来，好好想想如何才能获得团队的整体认可，消除他人对你的负面影响。

诚然，在职场中的确存在看似不公平的现象。但如果一个人能够做到得体工作、和谐相处，能够在业务上不断提升自己，在品德上不断完善自己，那么，即使他人对你存在着错误的负面印象，久而久之，也会消除，并帮助你获得整个团队的认可。更进一步说，团队的看法最终也会影响到老板的看法，他会对下属们对一个人的印象仔细了解，并记在心中，当时机成熟时，你将因为正确的印象而获得正确的待遇。

与此相反，观察那些在团队中难以和同事形成良好人际互动的职场人，我们可以发现，无论他们遭受的是嫉妒还是非议，其中很大一部分原因来自于不能正确地选择正确的时间、场合，采取正确的方式来展示自己和证明自己，以至于即使他们为企业或者团队作出较大贡献，但大多数人还是不认可。这样的误解大多来自于职场人在团队合作和相处过程中某些细节方面的表现，而形成之后的误解则很难予以消除。因此，职场人有必要在和团队成员沟通的过程中，建立起自己应有的影响力，赢得他们的认可，从而将可能产生的负面作用提前予以抑制。为此，职场人应该多注意下面几个环节中自己在团队合作者心目中的印象。

1. 初入团队时，应该做好分内的事情

无论能力和背景，每个进入团队的职场人都需要从新人开始做起。而新人面对团队成员时留下的初始印象，将对他们未来是否能够获得团队成员的认可产生重要的影响。通常来说，作为一名新人，加入团队后，除了应该做到熟悉环境、表现对前辈的尊重和对团队的归属之外，就是做好自己分内的事情。无论这个团队将怎样的工作分配给作为新人的你，都应该不折不扣、保质保量地完成。你可以将此看作每个新人从本质上获得团队认可的学费，也可以将此看作自己能够通过团队考验的门槛，但无论如何，如果你不能正确对待自己分内的事，却总是想跃跃欲试那些看起来轻松简单而回报率又高的其他任务，那么，你赢得的很可能不是团队成员对你能力的期待，而是对你工作态度的质疑、对你“眼高手低”的批评以及诸如此类在未来很容易形成的不佳印象。

2. 在团队中具有一定资历时，应做到高调做事、低调做人

不少职场人之所以在职业发展中遇到瓶颈，其中很大的共同问题在于他们都没有正确地将做事和做人区分开来。这一点尤其表现在部分职场人取得业绩、为团队和企业做出了贡献之后，整个人的言行举止、精神态度都完全不同，变得趾高气扬，似乎处处需要显示出自己和他人的不同。但实际上，越是这样的“自信”，越是会导致团队中其他人的不满，甚至是故意抗衡的负面心理。与此相对应的正确做法，应当是在取得了部分成绩后，依然保持原有的谦虚谨慎风度，并注意和同事之间和谐相处，尊重每一位合作者，并考虑团队集体利益和其中每一名成员的利益而并非将自己放在他们的面前刻意表示不同。这样，你才能够真正做到用高调做事和低调做人同时去说服和吸引团队，并赢得团队的认可。

3. 有可能面临升职时，应保持正确心态

毫无疑问，每个职场人都希望自身职业发展的道路能够越来越宽敞、越来越向上，而身边的同事在能力、素质、资历和工作经验上也能够随之提高。这就意味着职场人希望通过不断升职、不断更换团队来实现个人进步。但需要注意的是，在升职之后，你原先工作的团队将很可能成为你管理的下属，而他们是否真正认可你的能力、支持你的领导管理，将会影响到你下一步的升职节奏。因此，当职场人面临升职时，应当摆正心态，既要积极努力，也要防止表现得过于急迫，给团队带来某种被利用或者被抛弃的感受。同时要避免升职过程中产生的不和谐人际关系演变成为矛盾，以至于影响到你的个人职场形象。

总之，只有做到在团队中始终正确地待人处事，始终能够做对团队和自身有利的事情，才能够获得集体的认可，并得到应有的回报。

做团队精英，但别做“大明星”

如果让众多企业的老板、高管以及更多的职业经理人们在“优秀团队”和“明星员工”二者中选择其一，那么，毫无疑问，他们选择的将是前者。的确，几乎全世界的团队领导者都有这样明显的共识：凡是那些需要团队配合的活动、项目、任务和工作，必须确保员工有很强的团队意识和团队精神，才能将团队力量充分、彻底发挥出来。与此相对应的是，“明星员工”当然是有其重要价值的，但如果“明星员工”在团队内的存在不能起到强化团队的作用，那么，上司和老板们自然会做出他们理性的选择。

实际上，在绝大多数团队中，都存在着不同类型的“大明星”，这是团队和个人职业发展的必然。职场人在团队中经过自身的不断努力，很可能成为在企业内外都声名远扬的超级员工，乃至成为有希望进入更高团队、管理层的后备干部；又或者他们已经是优秀的业务能手，能带动整个团队的业绩发展。总体来说，这些“明星员工”通常都是对团队作出贡献最大的人，说团队的未来受到他们的重要影响也不为过。

因此，不少职场人都将成为团队内的“大明星”作为自己的奋斗目标，崇尚个人奋斗，希望通过努力把自己打造成为站在团队顶端的明星员工，从而凸显自己和他人的不同。但事实上，这种刻意为之的追求，无论对于职场人个人，还是对于团队整体发展，都没有太多好处。

应该承认，企业团队中的“大明星”的确是员工中的优秀者，因为他们有着精湛的技术、不一般的业绩，而成为团队中的中坚骨干，成为团队的“定海神针”，并因此获得肯定、信任。但我们也应该看到，当选择了成为“明星员工”之后，你背负的压力和责任也会大大增加。

例如，“明星员工”的名声往往因光晕效应而得到放大，这种放大效应会给明星员工带来错误的自我观察方向和认知方向，干扰他们对自身能力的判断、对客观环境的认识和对业务工作的学习，并因此给他们的工作带来干扰，并最终影响整个团队。

此外，即使这样的光荣效应不会影响到工作业绩，但由于过分凸显自己在团队中的重要性，很容易造成其他同事对你的过度关注。而一旦团队出现问题、挫折后，这些关注也会随之全部变成你的个人压力。

作为一个成熟理性的企业员工，你应该明白，职业发展道路上，个人的品牌形象打造固然重要，但真正能够代表企业的还是你身边的整个团队，而创造业绩也无法离开团队中的那些成员。没有任何一家企业可以依靠某一个或者几个明星员工就能够获得持续稳定的生命力。因此，也不会有哪一个清醒的老板或者上司选择无条件地提高“明星员工”的待遇而不考虑其他员工的感受。与其被动地成为那个被孤立的“明星”，不如在团队中懂得主动分享。做团队中的精英，打造一支共同表现出色的团队，对企业的稳定、繁荣和整体业绩提升做出贡献，而不是做木秀于林、高高在上的“明星”。

从周鑫的工作经验案例中，我们可以得到很好的启示：

周鑫是整个软件开发组中大家公认的业务好、技术强的员工，他自己也经常自诩为团队中最优秀的人才，久而久之，没有人怀疑周鑫会犯什么错误。因此，每当项目开始之初，上司就会将最困难的工作分配给周鑫，希望这位明星员工能够起到带头作用。

按照工作的惯例，在大型的软件开发项目中，团队会把整个任务分成若干部分，而每个部分都会有一个检查节点。这样，在每个检查点上进行检查，就能准确清晰地看到进度完成情况，同时组员之间相互检查，也可以避免犯错。但是，周鑫一贯工作业绩出色，在他的坚持要求下，也就没有团队成员愿意“多此一举”去检查他的工作。

就这样，周鑫开始按照自己的习惯工作了。随着项目的逐渐深入，整个团队忙于解决集体发现的困难，每个员工都各司其职，并提供力所能及的帮助。但对于“明星员工”周鑫，没有人会去主动过问，更不会有人去对他提出建议。当整个项目组其他问题都得到逐一解决，看起来似乎要大功告成的时候，周鑫那里的任务却迟迟无法完成。显然，作为一直以来的“明星员工”，他的压力明显增大，进度也远远落后了。

项目因为周鑫的任务未完成而陷入停滞，团队领导也开始后悔自己为什么要相信这样的“明星员工”。整个项目组的人都停下来等待周鑫任务的完成，而且由于平时缺少必要的沟通和交流，其他人几乎帮不上周鑫什么忙。

万幸的是，周鑫最后还是完成了任务。但由于他个人的问题，导致工作计划拖延了将近两周，这让整个项目组的工作都受到了严重的影响。

可见，让自己成为团队中的“明星”并不理智，无论个人能力和业绩有多突出，你都应该关注如何立足团队基础来发挥自身的能力。

想要破解“明星员工”的魔咒，需要你在下面的方向多加努力。

1. 不要总想在团队工作中表现个人能力

在团队工作中，个人能力的表现的确重要，但更加重要的是完成上级所交付的需要团队共同完成的任务。对于团队的根本利益来说，最终得到好的结果，显然比过程中究竟由谁完成得多要更加重要。因此，即使你是团队中能力出众的成员，也不应该自认为比他人出色，而总是希望扮演那个“最重要的角色”。这样的选择很容易让你背负不必要的压力，同时成为团队中容易失控的环节。在团队需要你扮演配角、承担辅助任务、做那些看起来并不重要的事情时，你也应该做好，实现团队的目标，成就团队的集体利益。

2. 业绩突出，但不一定要求待遇突出

在团队中，业绩突出的那个人常常受到更多的瞩目和重视，这一点完全正确。但职场人并不应该认定自己在团队中业绩较高，因此就应该获得和身边同事完全不同的待遇——有些职场人甚至觉得这种特殊待遇不仅仅需要体现在奖金、提成上，还应该体现在办公室座位、会议座位、就餐顺序等形式上。这样对自身形象的强调、对个人待遇的追求，将会不同程度地将职场人和团队隔离开，导致无法真正地精诚团结、充分合作。实际上，即使一个团队项目中你做出了较多的贡献，但你也不应该指望整个团队随时随地都凸显你的重要性，无论从团队领导者的管理现实，还是从你身边团队成员的感受来说，凸显某个人的这种选择都是很难的，对团队也没有多少好处。

3. 懂得适当地“推功”

我们还需要看到的是，在团队中，一些“明星员工”并不完全是由于自身原因而形成的也受着其他外界因素影响。这就需要作为有可能成为明星员工的当事人自己能够保持清醒，懂得正确地“推功”。所谓“推功”，是指将工作过程中容易出彩的部分、容易产生表面业绩的部分，适当地和团队中那些对你帮助较大的合作伙伴共同分享，避免出现风头完全被你独占的现象。采取这样的办法，既能够让上司看到你的工作态度、能力和成长；同时，也能够让团队中的其他人发现，你不仅仅是一个对上司来说足够优秀的员工，对合作者来说也是很好的伙伴。这样，避免整个团队完全依靠你，甚至产生有人坐等你的现象。

总之，没有任何一个团队是依靠单独员工支撑的，也没有任何职场人可以代替团队。聪明的职场人不仅要学会合作，更要学会避免成为“明星”。做好团队中的精英，才是他们顺利上升的正确途径。

完全没有任何理由搞分裂

无论书本上有多少的理论描述，每个人面对的都是一个变化迅速的职场。因此，我们很难想象在工作中会完全没有团队内部的冲突对立。事实上，团队内部的这种冲突对立并非坏事。这是因为，团队中每个成员的背景、素质、兴趣、性格都会和他人不同，同时他们对于工作的标准和期望也会有所不同，这一系列的偶然因素加在一起，如果进行积极的引导，那么很有可能激发整个团队的创造力。然而，让人担心的是，如果职场人没有把握好自己的正确行动方向，也有很大可能身陷冲突对立中，以至于最终让自己的团队分裂。

其实，即使团队中人与人之间的利益存在差异，作为团队中的一员，你也完全没有任何理由和团队分裂。

将团队看作基础，那么，团队利益之上，才会有每个人的各自利益。正如古人所云“覆巢之下无完卵”，如果团队整体利益因为工作业绩下降而受到损害，那么，最终影响的将是团队中每个成员的长期利益。这也说明，当员工忘记了自己的工作职责、忘记了自己对团队承担的义务后，他们很容易让自己的利益也随之受损。

但问题在于，这样的联系虽然事实存在，但表现得并不一定明显，因此总是会有职场人不断犯错。

只要在职场上参加过团队工作的人都会或多或少有这样的印象，在许多团队之中，除了表面的合作规则之外，还有一层隐藏的规则。表面的规则是为了完成工作业绩，而那层掩藏的潜规则，则是为了各自是否能够加薪、是否能够晋升、是否掌握主导权、是否体现重要性等个人利益而形成的说不清、道不明的关系。正是由于这两套规则相互抗衡制约，最终导致团队内部关系越来越错综复杂，也很容易发生斗争并引发分裂。

从某种程度上来说，我们应该主动参与到竞争中去，即使是那些缺乏竞争意识的团队，你也可以做带动竞争的“鲶鱼”。但是，强调竞争，并不意味着要过于重视个人利益，更不意味着将竞争升级为斗争。现实情况是，一旦竞争没有掌握好尺度，就会演变成为团队内部的分裂，严重影响整个团队工作能力的发挥，同时对于团队内部不同员工的士气都会有一定影响，并很可能影响到团队成员的工作效率。

正因为如此，没有老板和上司希望团队分裂，而对于那个引起团队分裂的“罪魁祸首”，他们最可能的态度就是不管其对团队有多大工作贡献也要清除，从而确保团队重新稳定，并保障企业的正常运转。

因此，在团队中，职场人没有任何理由卷入引起团队分裂的事件中，以免带来无妄之灾。

林路大学毕业后进入一家民营企业，在市场部担任经理助理。对于整个公司，市场部的周经理都是一个重要人物，他主要负责公司的市场营销工作，手下总共有上百名员工，光助理就配备了四名，分别掌管不同区域的业务。加上周经理精力过人、工作负责，因此，林路作为他的助理，面临的压力也很大。当然，林路觉得这是周经理对他的重视，同时也是自己学习的好机会，并没有任何抱怨。

某次，公司招聘，周经理抽不开时间，于是便告诉林路，让他代表自己去配合人事部进行招聘。周经理特意叮嘱说，这次招聘，需要注意一个重要原则，就是不论招男女员工，都要有海归背景，还要有关于本行业充分的工作经验，而且最好是市场营销专业毕业的。

林路领会了周经理的意思，之后便来到了人事部招聘组。招聘开始之前，需要先制定招聘标准。林路谈到市场营销部门的标准时，人事部门的王经理板着脸说："你们这个标准太苛刻了，既要有工作经验，还要在我们这个行业做过，专业还要对口，还得是海归。都照你们这样制定标准，招聘很难进行。"

林路很不服气，当场据理力争。他认为，既然自己是秉承周经理的意思，就没有错，不能损害本部门的利益。几句话说翻以后，让王经理顿时在下属面前下不来台，他气哼哼地说："行，那就按你们的意思设定标准！"

结果，虽然设定了这样的招聘标准，但两周的招聘下来，市场部所需要的员工一个也没有招到。等林路回到自己部门，等待他的是周经理的一顿批评。原来，王经理和周经理原本关系就不佳。被林路说了几句之后，王经理相当难堪，认定是周经理故意安排人来挤对他，事情被捅到了公司副总那里，让周经理左右为难……

林路奇怪了，自己在招聘团队中坚持工作原则，为什么到最后不对的都是自己呢？

林路的错误在于将矛盾公开化，导致了招聘工作团队的分裂。无论林路原先是哪个部门的员工，当他暂时参加招聘工作，哪怕只是配合，也是这个团队的一员。而作为团队成员，维护团队领导的威信是维持团队统一整体的必要步骤。而他恰恰在这一点上犯了大忌。因此，我们应看到，不论你的具体出发点如何，都应该首先立足于维护整个团队的稳定、统一合作，而没有任何理由制造分裂。

一般而言，职场人不会故意对所在团队进行主动分裂，分裂的原因往往多种多样，针对这些主客观原因，你应该事先做好积极地准备。

1. 一切以团队工作为重，从团队工作出发

保持好这样的原则，可避免两种错误：因为怕“得罪”同事而不能履行职责并导致团队分裂；因为过于看重个人或小范围利益而不能履行职责并导致团队分裂。

为了避免这样的错误出现，员工在进入团队之后，应该站在团队分子的立场去考虑，观察团队所面对的情势，分析团队所处的不同环境，并作出自己的选择和判断。如果自己无权进行选择和判断，那么就应该积极请示上司，进行有效沟通，而不应该擅自作出和团队整体方向不同的决定或行动，更不能引起分裂。

2. 不要参与团队原有的派系斗争并尽量远离

职场上经常存在这样的现象，在职场人进入团队之前，团队内部就已经出现了裂痕。实际上，竞争发展成为斗争，的确是公司团队内部经常会发生的事情。你应该首先认识到这种事情的正常性，然后有选择地保持自己的立场，不要让自己卷入不同派系的斗争中，即使卷入，也不要在那些关键利益上成为风口浪尖的人物。这样，职场人起码能确保团队不会因为你的轻举妄动而在表面上分裂。

3. 紧跟团队核心领导人物

一个团队是否稳定，需要看核心领导人物对团队的掌管和引导力度、方向。因此，作为职场中团队的成员，你需要做的是紧跟团队核心领导人物，如项目经理、部门经理、小组负责人等。这样，你就能确保自己的工作方向没有和团队目前应该前进的方向产生差异，同时保证自己的行为没有对团队造成分裂。

第七章

心口如一言不慌——不找借口的态度让企业主动提高待遇

"YES SIR" 是第一态度

对于想要在企业中获得良好待遇的员工来说，懂得说"YES SIR"是最基本的态度。然而，这样的品质并非与生俱来，它需要不断培养和锻炼。

在任何企业中，一个能够做到积极主动、忠诚服务的员工，必然也是具有高度服从意识的员工，当他们听到上司提出的要求后，第一反应不会是质疑或者推托，而是说"YES SIR"。这是因为，服从是在企业中积极工作的基本原则，是忠诚、敬业和融入团队的基础，对于企业来说，不能服从的员工也就是没有价值的员工。

这里所强调的服从，并非只是那种消极、被动等候上司命令差遣的态度，也不是那种因为怕触犯禁区，只能小心翼翼因循守旧而不敢真正放开手脚工作的态度。真正意义上，习惯说"YES SIR"的员工，对服从有着更加广泛和深刻的理解，他们会出于对整个企业的忠诚和热爱、对事业的积极和热情来响应工作，而并非仅仅是表面上对上司的尊敬。

同时，提倡员工采取无借口的服从态度，也是任何企业自身生存和发展的需要。任何一个组织之所以能够存在下去，都来自于其自身一定的组织规范、层级秩序，如果没有服从精神在其中作为基础，那么整个组织就很可能无法维持其最基本的生存状态。尤其对于现代企业来说，处于一个更为严酷的竞争环境中，随时面对市场中的危机，就更需要其成员将服从作为必要的职业美德。

如果一名企业员工连基本的服从态度都没有，那么，关于忠诚、敬业、投入、合作等其他可以促进发展的职业素养，就更是难以完全具备了。因此，说"YES SIR"的态度，不仅是员工个人工作素质的基本体现，也是对企业忠诚的表现。这种态度有必要受到每一名职场人的高度重视，只要他们希望自己的自我价值能够得到充分体现，只要他们希望自己在推动企业不断发展的同时还能获得待遇的提升。

学会服从的态度，在世界著名的西点军校中尤其受到重视。

世界著名的西点军校，尤其注重对学生进行无借口服从态度的锻炼。这是因为，遵守纪律的前提是对上司的服从。因此，为了保证纪律锻炼能够有效实施，西点军校有一整套详细的规章制度，包括严格的惩罚措施。

纪律锻炼的课程，主要在新生进入学校后的第一年进行。西点军校的教育理念是，在纪律锻炼过程中，能够让组织成员学会在艰苦的条件下获得正确的工作和生活态度。例如，日常的穿着训练，由高级班学生带领新来的学生不断进行集合站队训练等。还包括一些不近人情的训练，如：命令学员返回宿舍穿上常规制服后，突然再命令学员限定在5分钟内换上训练制服返回原地，等等。在这一系列的锻炼过程中，必须要学会无条件地接受来自上级的指令，只能说“YES SIR”，而不应该有任何借口推卸。

另外，为了确保训练效果，西点军校还专门配备了惩罚措施。例如，如果有成员违背了军容军纪，那么上司通常会惩罚他们身着军装、扛起自动步枪，在军校操场上正步绕圈走，时间根据情节程度不等，少则几个小时，多则十几个小时。这些惩罚措施更是强化了学员们的无借口服从的态度。

类似这样的训练，在西点军校的课程中将真正持续一年，使每个学员的态度得以转变。纪律、服从、忠诚观念，由此深刻地影响到他们每个人。随之而来的，是每个人在团队中强烈的责任心、自尊心和自信心所形成的能够受益终身的精神品质。

也正是因为如此，在世界五百强企业中，曾经有过上千位董事长、数千名企业高管均毕业于西点军校。

服从态度，是员工素质的基本表现。但一些职场人还是因为种种原因不愿意简单地说“YES SIR”之后再去工作。其实，他们也并非希望破坏企业或者团队的利益，而是希望自己能够得到更多的支持，又或者更多地证明自己可以独当一面。这样的顾虑，显然是将服从态度定义得过于狭隘。其实，对上司说“YES SIR”并没有那么困难。在实际工作中，主动说“YES SIR”会让职场人获益良多。

1. 坚决服从的态度能够保证自身工作良好运行

在现代企业中，整个团队都随时随地面对不同的压力，而做好自身工作管理是职场人迎接挑战、克服困难的基本条件，同时也是个人获取成功的关键因素。正因为如此，职场人需要展现出良好的服从精神，对于上司提出的命令积极执行，这样才能让自身工作充分自然流畅地运行。反之，如果忽视了自己的服从意识所应该具备的重要意义，常常会因为缺乏服从理念、执行不到位等问题，导致个人工作的运行出现不同的难以估量的问题，甚至可能造成失败，对整个团队的工作业绩带来无可挽回的恶果。

2. 坚决服从的态度能够维护企业领导的权威

坚决服从，是员工对于企业、团队忠诚度和信任度的重要体现。因此，在许多场合下，我们表现出的服从态度并不只是针对工作本身，还是维护企业领导、团队上司权威的重要条件。这是因为，作为企业的员工，如果你总是用各种各样的理由借口表示对上司命令的怀疑、否定、拖延，那么，很容易被认为是对企业的体制进行动摇、对上司的权威进行挑战，并很可能引起更多仿效效应。反之，如果选择坚决服从的态度，就能避免这样的问题。所以，身为一名成熟的职场人，应该懂得服从态度的重要性，并注意主动维护上司的形象，这不仅是你的基本态度，也是对他人职务的尊重，更是对企业大局主动服务的表现。

3. 坚决服从的态度能够引起其他员工的效仿和学习

事实表明，那些能够用亲身示范来表现出强烈服从意识的职场人，在展现态度之后，往往能够因为自己的承诺而力争将每一项任务做到更好。这样的行为，必然会给其他员工做出积极的示范。而如果你能这样做，那么属于你个人的职场形象也会就此形成。这样，当你未来获得更高发展目标的时候，就能采取更为积极的姿态去调动其他员工的能力，而企业也必然会因为你这样的调动能力回报给你更大的发展空间、更好的发展待遇！

远离常见借口，脱离低待遇苦海

职场中的基层员工们经常抱怨自己的待遇低下，然而，仔细分析可以得出这样的结论：没有任何老板会傻到不去提高员工的待遇，除非那些员工没有满足老板的发展愿望，甚至还在为此寻找借口。

在企业中，无论上司还是老板，他们需要的都是结果——这并非他们的苛求，因为客户和市场也始终在向他们寻求结果，没有结果，任何理由都缺乏价值。在残酷的竞争面前，只看结果，不讲借口。这样做或许显得不近人情，但问题是企业生存发展、个人待遇提高，需要的不仅仅是人情，更重要的还是行动，而行动之前就不可能首先为失败去寻找借口，这是因为没有行动就注定不会有结果！

然而，或许是由于习惯原因，或许是因为工作心态问题，职场人对于不少工作，总是在行动之前就找借口推托。他们经常利用不同的理由，证明自己为何做不到，或者做不好不同的工作。这样，起码在自身感受上，他们得到了压力的减轻。但如果能够客观一点，他们会发现，寻找借口实际上让他们在老板、上司、同事那里的印象分被大大降低，而他们的待遇也因此始终难以提高。

其实，陷入这种负面的循环链条是必然的。从心理学上来看，当你在为某件事情的失败寻找借口时，你已经未真正打算做好这件事情了。你潜意识里会认为：我必然因为不同理由无法完成这件事情。或者可以说，寻找借口的习惯，导致职场人自己选择了低待遇的困境。

1. 职场中常见的推托借口

借口一：工作太多了。

在不少工作场合，都能听到下属用这样的话应付上司。每当上司询问一个工作项目进度时，他们很可能用“工作太多了”来搪塞。其实，以事情太多作为推托的借口，看起来能够得到他人的理解和同情，但在职场上恰恰会让上司觉得，自己选择的是一个难以胜任工作的员工，这样的员工能力不足、态度也欠佳，他们对于企业的发展前景、企业文化的打造都是有相当大危害的。因此，一个真正负责的上司是不会因为你说工作太多而原谅你的错误的，因为这只能说明你的不称职。

借口二：你没有指示我。

这也是职场上相当常见的借口。说出这类借口的职场人通常不愿意主动工作，当工作进度不佳或者工作结果不良时，他们会用这样的借口将责任推到上级领导身上，自己好借此逃避责任。在这样的借口背后，有着“上司指示我才行动，结果和我无关”的想当然的逻辑，而这种工作态度很容易对企业的利益造成损害。

借口三：不可能。

所谓不可能，是一个自我设置限制的借口。如果你总是说不可能，那么，你的思维、创意就会被这些不可能所限制，你就会慢慢地变得保守、刻板而固执。对于个人发展来说，这是相当麻烦的阻碍。同时，也会让你的工作态度变得更加消极、保守。因此，对待工作的正确态度虽然不应该是保持幻想，但起码要有敢于坚持的勇气，这样才能从工作中寻找到突破的机会。

借口四：难度太大。

每当企业员工说出这样的借口，似乎就足以证明自己的错误并没有问题。但是，如果工作总是轻松简便，那你所处的职场位置也就太容易被取代了。这样一个取代性很高的位置，又怎么可能获得更高的待遇呢?

大多数情况下，让职场人认定为“难度太大”的工作任务，并非真正难度惊人的工作，而只是由于该问题源自于他们目前工作经验无法触及的范围，或者需要职场人深入思考、调动资源加以解决。对这些问题，职场人的正确态度并非只是用轻描淡写的一句“难度太大”作为应付或者解释，而是要投入其中更为努力地工作，才能发现解决的办法。

借口五：差不多。

这样的借口，意味着员工将自己的工作标准降低、要求放松。另外，“差不多”这句话本身也是模糊的，无法描述工作结果究竟是否和上司所要求的工作结果相符合。实际上，在“差不多”这一借口的表述下，出现的问题数不胜数。一些职场人的工作结果明明完全达不到要求，但用了“差不多”这样的借口，也使得结果“合乎情理”来。其实，这样的借口，就是对原有固定工作标准的推翻。

借口六：和我无关。

在职场中，坚守个人工作岗位是正确的，但如果将之等同于“各人自扫门前雪、莫管他家瓦上霜”，那么就是工作态度的缺失了。如果以“和我无关”作为推卸责任的借口，则更是员工不良习惯和错误的。现代企业，很多工作都相互关联，即使那些看起来主要由一个职位完成的工作，其背后也有更多工作者的参与，也有更多的工作责任。因此，员工想要获得良好的工作待遇就要明白，只要工作中有“我”的角色，那么，就不可能“和我无关”，更不可能没有责任。

除了上述常见借口之外，职场人应该远离的还有如下借口：“为什么是我”“我不清楚”“我不行”“再等等”……正是这些借口，让不少人一方面想要不断获得待遇的提升，另一方面又疏于对自己提出更高的要求，以至于无法破解，只能甘于这样的矛盾之中。

之所以形成这些常见的借口，并非因为职场人故意为之，原因是多种多样的。而想要解决这种动辄在接受工作任务或出现问题以后就动用借口的问题，职场人需要做到的是真正的自我改变。

2. 摆脱借口需要做出改变

首先，找出那些自己最喜欢利用的借口。

不同的职场常见借口代表着不同的错误心态。想要知道自己有哪些常见的错误工作态度，你不妨先对自己最常用的那些借口进行列举、归类和总结。这样，你就会更加了解自己在工作心理、工作认识、工作行为等多个方面上有哪些错误需要解决，同时，也能清楚自己想要获得待遇的增长，其发展重点应该在哪个方向上改进。

其次，针对借口进行自我改善。

举例来说，如果职场人发现自己喜欢说“差不多”，就应该多针对自己在工作细节上的行为认识进行改善。而如果你发现自己脱口而出的是“老板没这么说”，那么或许你需要做的是平时在工作中多注意老板的思维模式和工作方法，然后学会将这样的思维模式和工作方法融入到自己的工作活动中。总之，在认识到自己常用的借口之后，及时针对这些借口来进行自我改善，将能够让自己变得更为完美，也更容易说服上司为你提高待遇。

最后，学会承认事实和肩负责任。

习惯于找借口的员工是没有前途的，这不仅是因为他们不能面对错误，更重要的问题在于他们不能承认事实和肩负的责任。因此，职场人必须牢记这一点：在工作中，无论具体面对怎样的情况，都应该有足够的勇气承认事实，并在面对上司和老板时积极承担起自己应有的责任。

上司安全感多一点，加薪机会就多一点

一些职场人身为下属，在工作过程中说出不同的借口，感觉并没有太大困难，因为这些借口能够缓解他们自身所面对的压力。但作为企业员工的他们有欠考虑的是，身为上司，经常面对这样的局面会有怎样的感受？

在上司看来，如果一个团队中，每个员工都开始努力寻找借口来掩盖自身错误，推卸自己原本应该承担的责任，那么，坐在这种团队的领导位置上，也就如同坐在滴答作响的定时炸弹上一样令他不安。这是因为，当团队中越来越多的人将自己原本宝贵的时间、精力投入到了对合适的失败借口的寻找上时，他们即使能够“成功”推托，最终损失的也是团队整体的利益。

可以说，喜欢为个人失败寻找借口的员工，是工作态度并不端正的员工，而由这样的员工组成的团队，则喜欢找出不同借口来掩饰失败和欺骗公司，他们也同样缺乏应有的责任感。领导这样的团队，让上司毫无安全感，只有担心问题无法解决、工作无法完成的恐惧。

当然，在那些喜欢寻找工作借口的员工看来，他们也同样是想得到安全感的。这是因为，之所以要寻找借口，是因为害怕承认错误、负担工作责任，因为这种承认和负担经常要和惩罚相联系。这种感受情有可原。但如果你想要让自己的安全感建筑在上司的恐惧感之上，恐怕情况就不同了。在这样的情况下，还想去获得更高的待遇，恐怕只能是痴人说梦了。

因此，职场人想要为自己的问题寻找借口，倒不如反过来坦率承认自己的不足或错误。这样，上司会因为你清楚地了解自身不足、知道问题所在，而产生“这个员工有责任心”的想法，并产生应有的安全感。如果你不找借口就能顺利完成每件工作，这样的安全感会在上司内心逐渐扩大，

逐渐成长为上司对你的信任。有了这样的信任，又怎么会得不到应有的待遇提高呢？

小王刚上班没多久，是一家小企业中的财务人员。某天，他发现自己上周在做工资表时，将一个原本请了两周病假的员工定为了全薪，而忘记了扣除请假那段时间的工资。于是，小王找到了该名员工，提醒他下个月会将薪水扣除。但是，这名员工提出，自己目前手头比较紧张，希望能够多分几次扣掉。小王想了想，打算去请示企业老总。

小王知道，自己在财务位置上，发生这样的错误会让老总很不放心。但是，小王觉得，既然自己犯了错就要勇于承担，目前的尴尬局面是自己造成的，自己必须负起全部责任。于是，他决定直接去老总那里认错然后再请示办法。

当小王来到老总的办公桌前，简单说完自己犯下的错误后，老总想了想，摇摇头说："小王，这不是你的错吧，你刚来没多久，是不是人事部门没有把考勤情况准时交到你那边？"小王坚定地否认，说这是自己的错误。"是不是会计没有提醒你？"小王也否认了。老总这才站了起来，拍了拍小王的肩膀说："很好，你既然能够在犯错之后愿意主动承认，而不是推脱到其他人身上，就说明你对工作还是负责的，我愿意相信你今后的工作会越来越好。"

事情随着老板的介入而解决了。但在这件事情之后，小王显然得到了来自老总更多的器重。

其实，身为企业的员工，在漫长的职场道路上，没有多少人能够保证自己从来不犯错误。而身为你的上司和老板，他们也并不期待你会完全不犯错误。但是，如果你不能带给他们应有的安全感，而是将互相推脱责任、归咎失败当成一种习惯，那么就会给上司和老板带来相当负面的感受，并进而影响到你自身的薪资待遇。

那么，怎样通过减少借口、主动承担责任来让你的上司或老板获得更多安全感呢？

1. 在接受工作任务时不要主动提起工作困难

一些职场人习惯在上司布置工作任务时就提起困难，他们认为这样做可以为之后的工作不利提前埋下伏笔。然而，他们这种做法显然没有预料到两方面的问题：第一，作为你的上司或老板，他们中的绝大多数人一定比你更加清楚工作会面对哪些问题、困难。这是因为即使他们没有经历过同样的工作，也会在布置工作之前做全面的了解和分析。第二，当你提出困难时，由于他们已经有了同样的认识或者更高、更全面的认识，因此他们不会认为你提出的困难有多大的参考价值，反而会认定你是在寻找借口。

久而久之，职场人的习惯就成为了“寻找借口”行动本身，而在上司眼中，则是降低他对你工作安全感的导火索。当导火索燃烧殆尽的时候，你的职场危机也就砰然引爆了，想要获得的更好待遇也就灰飞烟灭了。

其实，在接受工作任务时，职场人不应主动提起工作困难，也不应该主动想到工作困难。大多数员工往往第一反应是“这个任务有哪些困难”，并根据自己推测的结果向上司提出。而正确的做法是应该先去寻找那些能够积极推动工作进度的有利因素，这样，才能有效加强你达成工作目标的动力，减少提出借口的可能，也能够让你的上司对你产生应有的信任。

2. 学会用正确的方法和途径寻求上司的帮助和支持

在工作过程中，发现问题和困难在所难免。有的职场人选择采取直接告知的方法和上级沟通交流，但这样的方法很容易演变成为总是处处寻找工作失败的借口。采取正确的方法和途径来寻求上司的帮助和支持，能够减少发生这种问题的可能。

例如，当你发现某个工作项目的工作期限所剩无几，而工作任务却剩下较多的时候，正确的做法是带着和上司请教解决问题的办法的口吻，而不是直接向他抱怨自己的工作期限太短。虽然这只是两种不同的表达方式，但带来的影响却有着相当的差异——前者是在讨论工作，而后者则是在强调借口。采取前者的方式，能够很好地消除上司对你的不安，并加强其信任。

3. 经常向上司确认工作进度，并展示解决问题的方法

不找借口，只是让上司看到你正确工作态度的第一步。随之而来的应该是工作中的稳步推进和持续进行。对于那些比较容易担心的上司来说，采取随时汇报的方式，能够让他们更为放心。因此，身为其下属的你不妨经常向他们确认工作进度，并主动汇报你采取了哪些方法去解决问题。这样，上司不仅能够从你不寻找借口的态度中得到安全感，还能看到你是怎样减少工作困难从而从根本上减少借口的。长此以往，他们将对你的工作格外放心，而你也会顺理成章地成为上司或老板的心腹。那样，企业为你主动提高待遇的机会也就随之而来了。

没有借口，让自我改变发生

寻找借口，并非仅仅只对工作业绩产生负面影响。从更深远的背景原因来看，事情没有做成功，只能说明你或者不够优秀，或者不够努力，而即使你遇到了再大的困难，也没有必要用这样的困难来为自己开脱。那些不寻找借口的员工，总是会在自己的工作出现错误时第一时间反躬自省、承认自己的错误，并分析错误的原因。

如果你能成为这样的员工，那么，你会发生很大的改变。

一个人对待生活和职场的态度，是决定他自己将成为怎样的人的重要步骤。不少人在职场工作中养成了寻找不同借口来为自己所遇到的困难和问题进行开脱的习惯，或许在短期内看起来没有造成什么损失，但从长期来看，就会造成个性上懒于自我改变、不愿承担责任的习惯特征。久而久之，他们遇到困难，自身都难于坚持，更不用说完成上司所交给的任务了。因此，强调不找借口，实际上就是职场人对自身所进行改变的第一步。

其实，这种对自身的改变，并非让一个普通员工获得和原来相比突飞猛进的巨大能力，而是通过去除借口的干扰，帮助自己获得更加全面、冷静、理智地观察自己的机会。

世界知名的汽车推销员乔·吉拉德，在1963—1978年间，总共向个人用户推销了13001辆雪佛兰汽车，而在其间连续的12年内，平均每天向个人用户销售6辆汽车。之所以能够创造至今无人能够打破的记录，很大原因在于乔·吉拉德是个从不给自己找借口的员工。

在担任汽车销售员之前，乔·吉拉德做过许多工作，包括擦鞋童、洗碗工人、搬运工人、火炉装配工人、建筑承包商等。但由于各种原因，这些工作无一不以失败而告终，到他35岁时，他才加入到汽车销售行业。

当时，乔·吉拉德工作的底特律是世界汽车工业重镇，有39家大型汽车销售店面，而每家都有着数十名销售员工。乔·吉拉德并没有将“竞争激烈”当作借口，相反，他迎难而上，选择加入竞争。

乔·吉拉德原本有着严重的口吃，但他意识到这是自己的问题，于是依靠有意识地放慢说话速度和多聆听客户来进行推销，结果，这个缺陷反而在某种程度上成了他的优势。

乔·吉拉德自幼家贫，而成年后工作也不顺利，没有什么人脉，但他却没有将这些当作借口，而是依靠一台电话、一支笔和一本电话簿来记录客户名单。一旦对方接电话，他就会千方百计地通过沟通来了解对方的职业、生活、兴趣、买车需求，等等。曾经有一次，有人在电话中随口说道，自己打算一年后再买车，乔·吉拉德并没有就此放弃。到一年后的那天，乔·吉拉德准时打电话给这位客户，让对方惊叹不已，不得不佩服他的执着和毅力。

当时，乔·吉拉德缺乏资源去做广告，但他并没有将之看成自己无法改变的借口。为此，他专门印刷了大量的名片，这些名片有着如同美钞一样的橄榄绿色，使用起来特别显眼。每当他找到机会，就会不断发放名片，而公开场合更是他发放名片的好场所。比如，在体育赛事的观众席上，乔·吉拉德就一袋袋地去撒名片。当有人问到成本的时候，他觉得所谓的成本根本只是个借口："要知道，就算接到名片的人有一个来买车，我赚到的就远远超过这些成本了！"

乔·吉拉德正是凭借着这种蔑视一切借口的性格和习惯，经过多年努力在汽车销售界找到了人生大逆转的舞台，成为了世界上最伟大的汽车销售员。当年住在贫民窟的乔·吉拉德家，现在住在底特律城市郊东，五大湖湖畔的高级住宅区。他家的邻居是亨利·福特二世，这让乔·吉拉德感觉很骄傲。

试想，如果不是对不找一个借口，甚至包括对一个个客户的借口的不断排除，乔·吉拉德怎么可能通过卖汽车就达到了个人事业的巅峰？这说明，没有借口的职场，才是能改变我们人生的职场；正如同没有借口的员工，才是真正能够改变企业的员工一样。

想要做到让自我改变发生，职场人需要做到的并不是口头上不寻找借口，而是心态上远离借口，帮助自己获得更多改变的动力和信心。

1. 你应该看到自身能力、经历、经验中的优点

观察那些比较喜欢寻找借口的职场人就能够发现，他们或多或少都存在着对自身估计不足的缺点。正是因为无法真正看到自己的潜力，他们才觉得自己面对的客观环境充满困难，而工作也总是难以完成。实际上，只要转变对自己的观察和评价方式就能发现，每个职场人身上都有着足以克服困难的能力，经过准确地挖掘和开发，就能够获得良好的结果。

2. 树立战胜困难的勇气和自信

想要真正做到拒绝借口，应该有充足的勇气和坚定的自信去面对困难。这样，你才能确信自己并不需要寻找借口。

为此，你应该放下杂念，例如，过多的担心、顾虑、计较、权衡等，将注意力更多地放在顺利完成工作上，以及克服问题的决心上。这样，你自然而然能够得到充沛的勇气和自信。同时，有了这样的过程，你对问题也就更加了解，一些原本看起来像是借口的阻碍也就不复存在了。

3. 改变他人对你的印象

当你开始改变时，还应该让他人看到你的改变。除了工作业绩体现出的变化之外，在会议、讨论、沟通中，你也应该注意加强这样的印象。例如，尽量少用那些听起来缺乏确定性的语言、谈论工作时伴随坚定的眼神和手势，等等。这样，无论是同事还是上司，都会逐渐将你和那些爱找借口的员工区分开，而这同样是你在企业内待遇得到提升的起点。

企业总是主动为它欣赏的人提高待遇

职场生涯是漫长的，但同时也是短暂的。职场中的每个人在职业发展的过程中，都难免会遇到困难和挫折。然而，无论在怎样的环境中，一个寻找借口的人都难以获得他人的欣赏，更得不到企业的欣赏。在企业中想要获得被肯定的位置，职场人就不应该为自己寻找任何借口，而是要保持良好的心态。这样，才能获得勇气、执行能力，从而成为优秀员工、职场强者。

拒绝借口，并非被动地去适应企业的发展，而是一种主动让企业接纳你、欣赏你的途径。这是因为，在企业发展的过程中，身为市场竞争参与主体的企业也在不断地挑选着员工，发现员工中的优秀者，并对他们表示欣赏，这样的欣赏也就成为这些员工能够获得待遇提升的起步点。而最容易被企业所欣赏的，当然是那些拒绝借口、努力寻找方法的员工。

在企业的发展过程中，总会遇到形形色色的问题。所以，无论是企业的现实需要，还是老板们的个人需要，都迫切期待着那些能够及时对问题提出解决方法的人才，而不是那些只能帮助他们找到借口的人。因此，作为员工，如果能够提出正确而有效解决问题的方法，从而让企业的问题、难题得到及时地解决，让问题在你手中终结，那么，就如同帮助企业开启了成功之门，成为打开成功之门的钥匙，并被企业所欣赏和接受。

在企业中，最被欣赏的员工总是远离借口的，他们善于找出方法解决不同问题，而不是逃避问题，因此，他们的待遇总是会不断提高。而末流员工总是在寻找借口，无法出色地完成他们的工作，不仅得不到企业的欣赏，还有可能在激烈的竞争中被淘汰出局。

对于企业来说，末流员工之所以无法得到欣赏，不仅是因为他们个人总是在遇到工作困难时想着寻找借口推脱；同时，还因为将这些员工留在企业中是一种隐患。当员工寻找借口推卸责任时，会严重影响企业的发展。因为这种寻找借口的习惯会逐渐影响到他人，并会蔓延到整个企业，使企业内部产生分歧，并严重影响员工整体的状态。根据调查研究表明，不少公司都是由于团队成员之间乃至领导者之间寻找借口、推卸责任而最终走向失败的。

曹阳是某银行的客户经理，也是典型的认真工作的员工，不少人都知道他的工作态度非常积极，而且他从来不会为自己面对的困难寻找借口。某天，他接到了上司的电话，说是有个部门主管突然离职了，留下来一些需要立即着手处理的工作，希望曹阳能够接受负责处理。

其实，上司知道曹阳每天工作繁忙。因此，一开始也没打算找他，而是连续找了其他两名主管。但是，这两名主管分别用“自己的工作也很多”“明天还要加班”这样的借口予以推辞了。上司只好试了试和曹阳联系。曹阳虽然感到压力比较大，加上自己对离职主管的工作情况并不熟悉，是否能做得好还缺乏把握。但他想到，既然上司信任自己，自己就应该做出值得他人信任的表现，而不是寻找借口。于是，他还是决定接受这个任务。

接下来的一天，曹阳下班后又接连加班，还将工作带回了家里，才算完成了当天的工作。

但是，如果连续加班，肯定无法应付。于是，曹阳开始思考新的时间安排方法，让自己能够成功地同时做好两件事情。

第二天，曹阳开始改变自己的工作日程，他首先告诉自己部门的助手，将会议和汇报的时间安排在中午，而且是集中进行汇报。其次，那些不是最紧迫的工作，暂时不需要随时汇报给他，等到他空闲的时候再进行集中回复。另外，原来30分钟左右的例会也进行缩短，只讨论最重要最急迫的工作，时间减短到10分钟……就这样，曹阳的工作时间明显增加了，他有了更多的时间来处理临时的工作，还有了必要的休息时间。

两周后，曹阳顺利地完成了临时性任务。当他向上司汇报时，看得出上司对他的欣赏溢于言表。不久后，上司就向高层汇报了这件事情，曹阳得到了整个银行人员的欣赏，很快被升职调去取代了那位离职的部门主管，他的薪水也得到了相应的提升。

曹阳面对的工作任务的确很难完成，但这种难以完成并不代表无法完成，当他拒绝借口寻找到方法以后，还是圆满地完成了上司交代的任务，获得了企业的欣赏。当你能够做到战胜困难，坚决完成任务之后，整个企业就会对你刮目相看，而你的职场形象将得到他人的接受和赞扬。随着企业的发展，当其他重要的任务出现之后，上司会更多地考虑到你，受到提升的机会也就越来越多，成功离你也会越来越近。

怎样让拒绝借口成为在企业中被人欣赏的起点呢?

1. 当他人寻找借口时，积极寻找方法

当其他员工在寻找借口时，如果有员工寻找方法，就能得到上司更多的注意和欣赏。这是因为寻找方法的员工最先提供了新的思路，展现了良好的工作态度，最值得获得这样的欣赏。

因此，想要得到上司和同事的欣赏，你应该做的是开拓思路、寻找方法，这样才能够体现出你和其他员工的不同。不妨试着从关注自己的工作状态改变到关注解决问题的方法上，这样，你迟早会成为那个贡献出解决困难的方法的人，并得到老板的注意。

2. 不要用个人借口影响企业整体利益

当企业的整体利益同你的选择相互关联时，你就更不应该用个人的借口去影响和破坏企业的整体利益。例如，企业需要你加班、策划或者贡献人脉时，说明不仅仅是老板和上司在关注你的选择，更有整个企业上下员工的利益都与之息息相关。这时候如果你还选择用个人借口来推托，显然在企业其他员工心中留下的也是不良印象。这样，就更谈不上建立被欣赏、被重视的地位了。

3. 工作出现问题时率先积极补救

选择工作，意味着承担责任，而在工作过程中总是有可能遇到困难和问题。当你或者其他同事没有顺利完成工作任务时，要做的不是去寻找借口搪塞，而是要积极主动地承担责任，进行补救，同时弥补暴露出的问题、总结经验教训。在企业眼中，你不仅是能够负责的人，同时还是能够自觉行动的人，有能力成为企业中独当一面的负责人。这样，获得升迁也就是意料中的事了。

第八章

致广大而尽精微——尽善尽美的态度让企业心甘情愿提高待遇

天使般的态度，魔鬼般的细节

在职场中我们会发现，很大程度上影响一个人、一个企业成败的，必然是他们面对诸多细节时态度的差别。可以说，细节的竞争，才是工作态度最直接的竞争层面。

中国古代哲学思想家老子说过："天下难事，必作于易；天下大事，必作于细。"成功的员工之所以能执行好工作，就在于他们能够做好细节。执行如果无法做好，常常在于细节处理得不到位。因此，执行的难点在于对细节的关注。而在具体的工作中，成功的员工所具备的突出特征，就在于他们重视细节的工作态度，能够从细节中找到工作的突破口。

每个人的工作都离不开细节，善于从细节做起，才能为自己工作待遇提升奠定基础。同时，细节是职场成功的基础，也是个人成功的发端。忽略了工作细节，不屑于做好小事，就会导致个人的事业失败。反之，那些重视细节的人，不仅会将小事做好，也会因为对细节魔鬼般地重视，而在工作中拥有天使般的态度，他们注重在做事的细节中去寻找并掌握机会，让自己走上成功的道路。

将细节执行到位，是每个员工都应该重视的问题——是否对细节有足够重视，不仅仅会影响到你的工作结果，还会对你的工作态度产生影响。

在成功创业之前，洛克菲勒是一家商贸公司的记账员。他刚到这家公司的时候，发现这里的财务问题相当严重，公司原有的几个记账员工作效率也很低，导致经常出现时隔一个月的账目都迟迟无法结算出来的情况。

刚开始，洛克菲勒认为是这几个记账员工作不够认真或者做事情能力不强导致的。在工作了一周之后，洛克菲勒发现，这几位同事实际上都相当努力，他们每天都在加班工作，但他们的工作效率却还是很低。

又经过了一段时间后，洛克菲勒终于看到了问题的本质。这些同事的工作效率之所以不高，主要出在他们的工作态度上，尤其是对待细节的关注和执行态度。比如，有位同事在结算账务的时候，经常会将小数点以后的几位数字随便省略，结果在对账时总会发现无法对上，只好再重新计算，这样的重复工作导致工作效率低下。

发现了细节上的问题后，洛克菲勒向老板提出了改进的意见。他建议记账员们应该将细节执行到位，不允许忽视任何一个看起来不起眼的数字。老板很快采纳了他的提议，而公司的财务问题也由此得到很大改善，记账员们惊奇地发现，账目再也没有出现过大问题了。

这件事情同时给予了年轻的洛克菲勒启示：员工的工作态度并非只看表面，还要看他们如何对待工作中的细节。因此，当他后来开始自己创业时，他总是非常重视细节是否能够执行到位，并不断提醒员工，一旦细节无法做到位，那么，工作态度就谈不上完美，企业的业绩也就会随之下滑。正是因为如此，洛克菲勒将其标准石油公司发展成为全世界最大的石油企业，而他个人也因此走向事业顶峰。

从洛克菲勒的案例中可以看到，关注细节是改变工作态度的关键。这说明，细节中蕴涵的不仅仅是工作的一部分，更是保证整体工作完美的关键。

相信不少职场人都听说过两句话：“态度决定一切”“细节决定成败”。其实，这两句话并不是完全独立的，而是辩证统一的。想要取得良好的待遇，态度很重要。但是，仅仅有“良好”的态度，很多时候只是一种美好的想法，还谈不上有正确的执行方向。只有关注细节、做好细节，才能将这样的态度贯彻到实际工作中，做到积跬步至千里，积小流成江海。而学会用关注细节来提高你的工作态度，实际上等于同时践行了前面的那两句职场箴言。下面是用来具体践行的方法。

1. 在工作中，将关注细节变成个人的长期习惯

每个人在不同岗位上的工作中都有着从生疏到熟悉的过程，而在这样的过程中，我们都需要付出长期的劳动。职场人如果想要将关注细节的工作能力变成个人的职业习惯，最终影响自身的工作态度，就要学会在这样的长期劳动中始终保持对细节的关注。无论你从事的是具体细微的执行工作，还是系统高远的战略规划，你都要学会关注那些看起来细枝末节的问题，当他人对这些问题尚未作出具体的反应时，你应该能够就这些细节问题的不同发展方向、发展可能提出自己的看法，并作出积极的思考。如果这样的工作方式逐渐成为你个人的习惯，那么无疑将改变你的工作思维模式，并使你形成自己的工作方法，影响到你的工作态度。

2. 在工作中将看似简单的事情做到不简单、将看似平凡的事情做到不平凡

一些员工总是希望那些枯燥的事情可以由他人代为完成，但从未想过可以将简单的事情和平凡的事情做到不简单，不平凡。这样，细节在他们的工作过程中就谈不上有多重要，也正因为如此，他们的工作态度总是会出现问题。

实际上，即使是再小的工作环节也是企业整体工作流程中的一部分。虽然这些事情看起来简单平凡，但这并不代表着其价值就不重要。因此，你同样需要像对待其他工作环节一样，努力地去做好其中每一项工作，确保自己能够在任何一个工作细节上都保持着足够的耐心和细心，能够一丝不苟地完成这些工作。当工作效率通过细节的完成得以提升挖掘之后，你的工作态度也会随之有真正的改变。

3. 对每个细节都要用全力以赴的态度来完成

对于企业中的员工而言，无论处于怎样的职位上，在工作中如果未保持全力以赴的态度，就无法做好细节工作。这是因为细节工作的完成，只属于那些能够对工作全力以赴的人。

工作本身就是通过细节组成的，而其中任何一个细节没有做好，都会让其他细节受到影响。因此，工作的态度决不能随意松懈，这样才能全力做好所有工作，并使得你的付出有所回报。然而，不少企业员工在工作中总会抱有一些侥幸心理，认为态度上的偶尔忽略不会对细节造成影响，但这种想法却很容易给自己的工作和企业组织带来不良影响。

不妨在做工作时始终保持全力以赴的精神，厘清工作上的思路，将每项工作都完全标注清楚，并按照优先顺序去做，这样才能让每项工作彻底落实，并成功提升工作效率。

谁让他放心，他为谁加薪

今天，企业在市场上的竞争几乎就是细节的竞争。越来越多的同类化产品的出现、越来越拉近的技术距离、越来越逼仄的市场空间都在要求着企业能够将追求完美作为自身的竞争目标。只有在细节上取胜，一个企业才能很快在行业中崭露头角，成为行业中的领先者，获取丰厚的利润回报。

企业竞争过程中这种特点的表现，必然会影响到为企业服务的员工。在个人工作过程中，如果能够负责、主动，并全力以赴、追求完美地对待工作细节，那么，就是能够让企业放心的员工，也自然会获得更多更好的回报。

在工作细节上追求完美主义的员工，必然是对自身工作有着强烈责任心的员工，由于他们注重细节，因此，他们在工作过程中兢兢业业，能够做到不敷衍、不随便。他们对工作中出现的问题不会轻易放过，也不会容许不完美在自己手中出现，对于发现问题的地方一定会尽量进行改正和完善，直到让自己、同事和企业满意。

其实，完美地完成工作并不是个人幸运的产物，而是企业员工能够带着追求细节的态度，脚踏实地获取的，是对细节追求的结果。只有达到这样的工作态度，你的付出才能为你的企业创造出更多的价值，而你才有资格勇敢自信地向你的老板提出同创造出的业绩成正比的薪酬待遇，并适时提出加薪的要求。

加薪，是职场上一个永恒的话题。这是因为薪水原本就是一个人工作成果和价值的具体体现。没有人不希望自己获得加薪，但加薪的欲望应该表现为“君子爱才、取之有道”。从很大程度上来说，薪水的高低，反映了一个人的工作能力和工作业绩的水平，也是一个员工价值的体现。

凌燕大学毕业后，先是加入了一家不大的公司，担任总经理助理。在这里，她积累了初步的工作经验，对行业有了基本的掌握和分析。她随后跳槽进入另一家管理咨询公司做项目主管。在那里，她一边努力工作，一边努力学习拿到了 MBA 学位。此后，凌燕又自修学习了公司项目开发、投资分析。在顺利结业以后，她加入了更大的贸易公司，担任项目经理。

然而，在加入这家公司之后，凌燕发现，虽然工作做出的贡献不小，但两年工作下来，月薪还不到万元，这样的薪酬水平在这家公司里面并不算高，而且同她自己的期望值更是相差太远。这让凌燕内心很是不平衡，她想到了自己应该向上司直接提出加薪要求。但她也知道，如果草率地这样做，会让自己比较被动。在仔细地规划之后，凌燕决定按照下面的步骤进行。

这家公司和其他公司相同，从每年的第四季度开始做下一年的预算。老板通常会给所有需要加薪的员工从第二年的年初加薪。因此，凌燕打算在这一年剩下来的时间内加强努力工作、提高工作业绩，从而取得理想的成就，这样，到了年底就能够顺理成章地获得加薪许可。

除了提高业绩之外，凌燕还为自己准备了一份书面述职报告。在报告中，她将自己对于企业的实际业务贡献做出了正确而客观的分析。另外，她对自己目前的薪资水平也进行了评估，并向上司做出了自己薪资较低的暗示。在报告的最后，凌燕对公司的发展提出了充分合理的建议、充满个人创意的方案，这些内容让上司感觉到她的忠诚和努力，是个能够留得住的员工。

当这份报告交上去后，恰逢公司给全部员工做完了绩效评估。按照惯例，上司会根据绩效评估找下属进行面谈。这时候，凌燕很诚恳地请教老板自己需要改进的地方，而老板也按照惯例提出需求问题。这时，凌燕提出了加薪的要求，而上司稍微思考了下就同意了。后来，上司承认，凌燕虽然在公司业绩不错，但之所以一开始没有给她加薪，是因为对她缺乏了解，并不放心。而在她抓住了自我展现的细节并一步步实施以后，从上司到公司高管，都对她的工作成绩和下一步工作方向有所了解，因此她的加薪要求也就如愿以偿了。

上述案例告诉我们，想要获得高薪，仅仅依靠工作能力、工作业绩是不够的。你争取加薪之前，还需要做好准备，按照合理的步骤，抓住细节重点来做好下面的事情。

1. 让自己在工作领域内更难以取代

在企业的不同工作领域中都有不同的员工，如果这些员工在工作水平上相差无几，那么被取代的可能性就很大。因此，想要获得加薪，你需要做的是尽量让自己在工作细节的处理上成为不可或缺的人物。例如，学习一种特殊、有效的技能，获得一种培训资质，掌握一门其他人不擅长的语言，操作一种新的办公软件……这些细节都能够增加你个人在同一个工作领域中的业绩。为此，作为职场人的你应该学会更加了解自己的工作，并保持深入学习，从而做到不断进步。

2. 通过细节上的表达，和你的上司建立真诚工作关系

任何上司都不会给无法让他们放心的人加薪，与之相反，很多上司都喜欢既能做出工作业绩，也能表现出对企业长期忠诚的员工，愿意给他们加薪。职场人想要获得加薪，需要做的并非向上司阿谀奉承，而是通过细节上的传递，让上司看到你的贡献，并了解你对企业的忠诚，发现你的价值。这样，你不需要和上司有着怎样的私人关系，也能获得应有的加薪了。

3. 让上级了解你的工作细节动态

不要总是等到上司来检查你的工作时才进行汇报，更不应该只是简单地应付一下做出笼统地汇报。你需要做的是让上司知道你具体做了哪些工作，获得了哪些成绩。这样，上司不仅能知道工作任务是怎样在按照计划不断进行的，还能了解到你为企业做出了怎样的贡献。这样，在上司眼中，你才是可靠的，能够顺利完成工作的员工。

非常完美有非常待遇

即使并非为了追求待遇，许多人对于自己的工作，也会给予充分的关注。因为只有这样的关注，才能确保他们将工作做到非常完美。这样的职场人，获得更高的待遇是水到渠成的。

向他们学习，也就意味着应该充分关注工作中的细节，将自己工作中每个细节都做到最好。这样，不仅能够确保职场人在平时的工作中脚踏实地，也能打造职场人对自身工作、企业工作的整体责任感。

许多人都想过如何去展示自身的不平凡，希望用这样的不平凡来获得待遇上的高人一等。但实际上，员工将自己工作中的小事情做好，就是展示自己不平凡的最重要机会。当你将工作上的小事情都做好，并能够每天坚持下来时就能够形成习惯。而当你已经习惯将自己工作中的事情都在细节上做到尽善尽美的时候，也就为自己的待遇的提高换来了更多资本。

员工之间真正的差别，就在于是否能有意识地追求工作细节上的完美。可以设想，如果一名员工和你同时进入公司，在相同的岗位上工作，但他总是能够比你领先，包括更快得到加薪、更快得到晋升，那么，你千万不要误解他的能力比你有多么出色——事实上，他很可能只是在性格上比你更加愿意追求完美。

工作上的细节是否能做到完美，看起来虽然并不引人注意，但实际上却是一个人工作态度是否优秀的最好证明。那些对手头工作的关注超乎常人的员工，即使更换工作岗位，也依然能够认真对待工作的任何细节，并将其工作做到细致入微的程度。也正是因为追求完美的工作态度，才让他们获得了更好的待遇。

两位同学毕业之后，同时应聘进入一家外资企业。这家企业的待遇相当不错，这两位年轻员工认为这里有很大的发展空间，所以都很珍惜这份工作。当他们结束实习期并顺利入职之后，上司告诉他们，提拔考试之前，只有三个月的锻炼试用期。在试用期之后，两个人中间只有一个人可以获得晋升，另一个人则依然只能担任普通员工。

于是，这两位员工开始暗自在不同的岗位上进行竞争，他们都希望自己是那个得到晋升的人，两个人的工作业绩都不错，取得的成绩也不相上下。三个月以后，其中一个人获得了晋升，而另一个人则留在原来的工作岗位上。

被留下来的那个人很不解，他觉得，自己的工作业绩已经不错，却还是不能得到提升。找到机会，他向上司请教才明白了其中原委。

某次，这两名员工和上司一起去一家和公司有合作关系的企业考察项目。为了能够保留好资料，他们都需要将项目附近的地形地貌摄影记录下来。其中一名员工站在这家公司的楼顶，用长焦镜头拍下了项目附近的地形地貌；而另一名员工则挑午休时间，花了半个多小时，专门到工地附近的一座山上，在山顶上拍摄了项目周围的地形地貌。当上司询问后者为什么这样做的时候，他解释说，这是回去要向董事会汇报的，如果项目周围的风景细节不能被充分体现出来，那么，自己的工作就是没有做到位。

正是因为诸如此类在工作上追求细节完美的习惯，最终让上司选择了升职去山顶的员工并给予了待遇上的提高。

即使作为旁观者也能看出，对于工作不仅追求发现细节，还追求细节的完美，这样的员工得到提升是理所当然的。不仅仅是在工作上，在人生中，更多的成功也总是属于那些对于每个环节都能尽量做到完美的人。这是因为，追求细节完美的状态，能够提高人们的综合竞争力，而忽视这种追求完美的状态，很可能导致一个人无法养成良好习惯，并在竞争中被淘汰出局。

追求完美是一个过程，无法做到一步到位。为此，职场人不需要急于求成，但应该从下面的过程中逐步去实现。

1. 要提高自己的成功目标

世界上没有真正的完美。而保持追求细节上的完美，更不是一时半刻就能实现的。对于任何人来说，都要反复而多次地实践。因此，不要老是在意自己离提高待遇还有多远，而是应该首先将自身成功的目标提升到“完美”而并非“完成”上。可以试着去给现在的自己打分，并将“完美”作为目标转载心中，这样才能做到埋头专注工作目标，并获得待遇提升的可能。

2. 要从小事情做起

越是那些看低自己工作价值的人，越是难以要求自己的工作变得完美。这样，即使给予他们提高自身待遇的机会，他们也往往只能退缩而无法接受。为此，职场人必须要做好工作中的所有事情，包括文件整理、复印、资料收集、市场信息获取，等等。这些事情表面上看起来似乎没有堪称完美的价值，但当你采取完美的态度去具体执行的时候，其过程和结果都会给你带来更多的利益。

3. 要具备长远的恒心

能够顺利、得体且充分愉快地处理好工作上的小事，你才能做到顺利地完成工作细节，并获得追求完美的空间。而长期地保持这样的状态则似乎更难。我们有必要长期努力和追求、积累和磨炼，毫不厌倦地对待自己的工作，保持恒心。这样，我们才能得到越来越完美的薪资和职位。

用 100% 的认真对待 1% 的失误

无论对于企业还是员工个人来说，100% 的认真都是至关重要的。即使和认真相互关联的总是相对细微的事情，依然要用 100% 认真的态度来对待，才能成就自身工作事业上的高度完美。

工作中，我们不可能不犯错误。然而，在细节上犯的一些错误，哪怕只有 1%，如果没有用正确的方法去修正，没有用 100% 的认真态度去认真面对，都有可能变成工作中的重大失误。

人无完人，工作上的错误并不可怕，可怕的在于一个细小错误，如果不能够得到真正认真对待，很可能毁掉你所有的工作努力。所谓千里之堤溃于蚁穴，这并非危言耸听，而是对职场人的警示。因此，千万不要忽视那些看起来不值一提的错误，有时候，这些细节上的麻烦远远比重大的困难还要可怕。

下面这个真实的案例值得每个职场人都牢记。

2003年，美国哥伦比亚号航天飞机在执行完任务返回地球途中，于得克萨斯州中部地区的上空爆炸解体。机上六名美国宇航员全部遇难，同时遇难的还有以色列首位进入太空的宇航员拉蒙。在长达七个月的调查之后，调查委员会发表了长达二百多页的调查报告，其中对事故的发生原因作出了解释和总结。

报告指出，造成该航天飞机失事的直接原因并不是什么大问题。问题出在航天飞机外部悬挂的燃料箱的表面所脱落的一小块泡沫材料。正是由于这块小小的泡沫材料脱落之后，撞击了航天飞机左翼的前侧，使得该部位的热保护部件出现了裂缝。当航天飞机开始重新穿越大气层时，超高温的气体开始从裂缝处进入机体，造成了航天飞机解体的悲剧事件。

如果说，报告只是从科学理论的角度对事故发生的原因进行了阐述，那么，深入分析，人们就能发现，“哥伦比亚号”的事故，和早在1986年发生的“挑战者号”事故的原因非常近似，都是由于管理人员和技术人员在航天飞机维修养护的一些细节问题上犯下了错误。他们将精力过多地集中在飞机本身重要部件的控制、管理、运行安全上，却忽略了这些细节上的问题。一块小小的泡沫，看起来只是整个航天飞机上最微小的一个部件。但是，当人们没有在这个部件上付出100%的认真时，却毁掉了整架航天飞机、断送多位航天员的生命。这样令人扼腕叹息的失误，不但给科学界，也应该给职场工作中的每个人留下深刻警示。

小小的细节问题每天都有可能出现，但如果你不能用100%的认真态度去对待，就很可能带来重大失误。

在职场中，对于那些看起来重大的危机、巨大的障碍，常常能够下意识地产生危险意识，并通过调动不同因素和资源与之抗争，最终成功将危机解决并跨越障碍。相反，越是那些看起来微小的细节，越是容易被我们在工作中所忽视，反而变成更大的工作失误，影响我们得到应有的待遇。

因此，你不应该忽视职场工作中细节问题的危险性。对于工作而言，细节问题犹如出门旅行时混入鞋中的沙子，往往是如何对待这样的沙子，决定了旅行者是否很快疲惫、具体能够行走多远。从对细节问题的解决方法和解决过程中，能够观察出一个人具备怎样的人生观、价值观、世界观，能够看出一个人有着怎样的工作品行。应该说，那些能够获得应有待遇的员工，都是能够注意解决细节问题的员工，多年来不断成长、不断成功的经历告诉他们，正是对细节问题的预防，才带给他们工作的不断成功。

其实，对问题的解决，也如同从小处做起的防微杜渐。正如同古语所云“人之初、性本善”，在职场发展的历程中，任何人一开始都是相当谨慎地防止错误发生。但之所以不同的人在不断发展的过程中会出现不同的结局，正是由于他们对细节问题的不同态度：有的人面对 1% 的小问题不以为然、不愿意改正，喜欢拖拖拉拉、妥协。这样形成的习惯只会让他对自己的错误放之任之，以致错误越来越多，个人能力无法提升。而有的人面对 1% 的小问题却能够全身心投入，这样，在解决小问题的过程中，他们收获的却不仅仅是问题的解决，更是能力的提升。

职场发展的过程中，许多事情是无法预料的，很多看起来悬殊的结果，其实际却只是由很偶然的因素引起的。或许你的工作看起来很普通，并没有那些看上去相当重大的问题，但是你所能做到的，应该是将细节问题解决，从而阻止它们有机会可能形成一场难以解决的工作灾难。如果你能早一点意识到这个问题，或许你未来的职场之路会顺利得多。

为了能做到用 100% 的认真解决 1% 的问题，你应该做好下面几点。

1. 学会用统一的态度去看待不同的工作问题

在工作中，职场人很容易养成这样的错误习惯：用不同的态度去分别对待不同的工作问题。对那些看起来比较严重的工作问题，职场人习惯采用重视的心态应对，随之而来的是正确的解决。而对那些看起来并不严重的工作问题，往往就较为轻视，这样往往导致工作态度有所放松，而问题解决起来也很难得心应手。

对员工来说，正确的方法应该是用统一的态度看待不同严重程度、不同规模大小的问题。只要问题出现，对于职场人来说，都应该保持同样的警惕性，并采取相同的反应速度，利用正确的解决方案来积极解决问题。这样才能确保不会由于问题看起来太小，而导致被忽视并造成工作上的更大疏漏和危害。

2. 对自己容易犯的细节错误防微杜渐

很多细节上的问题之所以会蔓延成更大的困难，其主要原因在于没有积极地预防。我们需要做的是能够提前对这些细节问题进行预防，并及早进行解决，从而保证 1% 的错误能够提早被阻止。

为此，职场人应该对自己曾经犯过的错误进行总结，并作出有效地回忆和记录。发现其中问题苗头的特点，并进行归纳和分类。这样，当这些容易出现的细节迹象再次出现时，你就能够顺利地作出识别，并及时端正工作态度，形成预防方案，确保小问题不会变成真正的大问题。

3. 及时请他人提醒你对细节错误的关注和解决

有时候，面对细节错误，常常会出现“当局者迷旁观者清”的现象。而想要修正这样的错误，你不妨请你在职场上关系较好的同事、合作者或下属，适时地提醒和帮助你。可以在工作容易出现细节错误的时间段，及时向你指出某些环节上的细节问题，并提醒你进行关注、妥善解决。

拥有这样的提醒者，对于职场上的许多员工来说都是有必要的。他们的存在可以帮助你及时预防问题的产生，并获得来自集体工作者的支持和鼓励。

绝招与简单招数的区别

职场中，一些看似忙碌的员工，总是将简单的事情复杂化。因此，他们虽然看起来每天都在忙忙碌碌，但实际上，很多时候他们只是运用了错误的工作招数，等于是在做无用功。这样，即使他们认为自己的工作态度很优秀，但在上司看来，他们还是只能获得最低的工作待遇。

面对这样的结果，上述员工感到相当不公，他们经常希望自己能够获得所谓的“绝招”，而拥有了这样的绝招，就能够一击制胜，获得工作结果的迅速转变。但实际工作中，他们寻找所谓绝招的过程往往是以失败告终。

和他们恰恰相反，一些真正会工作的员工，总是善于使用最简单的方式去处理复杂的工作，在外人和上司看来，他们总是轻易地就能够将工作问题顺利解决。正因为如此，他们的工作效率才能得以不断提高，工作待遇才会不断上升。

分析以上两种员工，我们能够发现，在工作中，那些看起来忙碌的员工，他们对工作细节处理的方法和思维方式，仿佛总是过于复杂。他们不仅将问题看得过于复杂，也把自己用来解决问题的工作方式看得过于复杂，甚至钻到了自己思路中的牛角尖而无法自拔。这样，工作态度自然很难获得实质的提升。反之，后一种员工懂得抓住问题的关键细节，并不断磨炼自己的工作方法细节，这样，问题得到了简单化，而自己的工作待遇也能得到有效的提升。可以说，这才是在职场中处于不败地位并不断提升待遇的关键智慧。

不少职场人之所以显得缺乏这样的关键智慧，在于他们总是喜欢那些看起来能够瞬间提高他们能力的“技术”。例如，他们喜欢一些职场书中所谓的“心计”“厚黑”“诀窍”等，相信这些方法才能让他们得到良好的工作待遇。同样，他们对那些小事情缺乏必要的工作兴趣，对简单常规的工作技术更是缺乏兴趣。这种心理表现在工作上，就是他们总是在鄙视那些常规的工作、基层工作、简单的技术工作，反之，动辄追求脑力工作、管理工作、策划工作，等等。

其实，只要做好细节，将所谓简单的工作做到极致，同样可以从中受益，并直接体现在工作待遇的变化上。

赵静在公司里是最优秀的销售员，不仅如此，她还连续两三年在行业中达到了最佳个人销售量。不少同事都认定她有什么诀窍，但赵静长相普通、学历也并非突出，工作经验也和其他人没什么不同。当别人问到这一点的时候，她总是笑着说：“其实，销售工作非常简单，只要每天比他人多努力一点就可以了。”看到别人一脸疑惑的样子，赵静补充说：“方法也很简单，只要每天比别人提早一个小时出来工作，每天比竞争对手多打一个电话给客户，每天比同事多拜访一位客户就可以了。”

的确，改变工作态度、提升工作待遇非常简单，没有太多的窍门，只要做到在这些细节上多付出一些，你的简单的工作招数实际上就成了你成功的秘诀。

一个人在职场上想获得大的发展不可能一蹴而就。在这样的过程中，你必须要学会依靠自己的日积月累，去完成那些琐碎的小事及不起眼的细节。这样，那些点滴的工作方法在不断实践之后，就会成为你势不可当的工作“绝招”。

曾经有人向一位成功者请教如何获得高薪，他讲了这样一则职场故事。

日本的推销之神原一平退休以后，举行了一次演讲会介绍自己的职场经验。当有人问到他是怎样获得成功推销的秘诀时，他请提问者上台，并让他坐在自己身边。接着，原一平当场脱掉了鞋袜，说道："请你摸摸我的脚底。"提问者摸了摸后十分惊讶地说："原来您有着这么厚的老茧！"原一平说："是的，诀窍就是我在推销过程中，比其他人走路走更多，跑步速度也比他们快！"

所谓优秀的工作态度，的确就是这样一点一滴累积起来的，如果每个人都能操作好自己工作过程中的普通"招式"，都能做到坚持不懈并精益求精，那么，大家就都能成为有良好发展的职场人，并实现个人提升的目标。

虽然那些简单的工作招式看起来不起眼，但正如蒸汽机里水温仅仅提升到99℃还不能使水开那样，如果你能够在原有的基础上再付出多一点，那么，水就会沸腾起来，成为推动机器的动力，并获得巨大的效益。在职场中，即使你掌握了许多普通技能，但其中只要有少数技能并不熟练，你依然难以形成自己的招式。

在工作中出现的问题，往往又并不需要那些"绝招"来解决。这些问题往往都是因为一些细节、小事情做的不到位而引起的，恰恰是这些细节上做得不好，而没有得到顺利解决，才造成了巨大的影响。因此，职场人更需要苦练那些业务上的基本技术，才能得到解决问题的真正方法。

如何将自己解决问题的招数从普通提升到"绝招"？下面是给职场人的几条良好建议。

1. 尽量做到每件事情上都比他人多付出一点

很多职场人只满足于在重要的事情上比他人做得多一点，希望能够用这样的态度就换到待遇的提升，然而，这样的目光可谓短浅——上司和老板不会只看你在一两件工作上是否有"绝招"，而是希望你能对所有工作问题都有“绝招”。为此，你需要做的是在每件事情上都多付出一点。例如，办公软件的使用，你应该比他人多练习一些，这样，对于其使用就能更加熟练一点；和客户的联系，你应该比他人次数多一点，这样，就能与客户更加熟悉一点；对产品的了解，你应该比他人多接触一些，这样，就能做到更加专业一点……总之，不要指望工作上有能够让你突飞猛进的绝技，只有尽量在每件事情上都比他人做得多一点，你才能做到真正的态度变化、真正的待遇提升。

2. 多寻找可以锻炼你工作技术的场合

职场人不仅不应该逃避工作，还应该多发现那些可以为你的工作技术提供锻炼场合的机会。例如，你希望锻炼自己的沟通能力，那么和客户的联系工作就应该是你积极争取的任务。同样，如果你希望锻炼自己的文字能力，那么起草工作相关的策划方案等也应该是你锻炼的舞台。

没有一项工作技术能力是不需要你锻炼就能获得的。不妨从现在开始，积极寻找那些可以锻炼你普通工作技术的机会，这样，你所能够获得的就是超越他人的“绝技”。

3. 抓住关键技术来自我培养和发展

职场中有着众多的工作技术，任何普通的员工都不可能完全掌握其中所有的技术。对此，最合理的方法应该是合理简化。

你可以针对自己平时的工作，总结出其中最实用、最关键的几项工作技术，如整理、策划、沟通、组织等。接下来，针对这些关键性的技术，进行积极的自我培养和专门发展。只要你选择了正确而有效的突破点，那么，你将取得的变化也会是显著的。

五种错误态度置细节于死地

日常工作中，不少人无法正确地对待工作细节，他们仅仅是将工作细节看成所谓的小事。结果，这些错误的态度总是会产生不同的问题，而最终将细节工作置于死地。

从表面上看起来，这些关于细节工作的错误态度各有不同。例如，有些人对细节问题马虎随意，有些人对细节问题轻率决定，还有的人对于细节问题则是糊弄过关。这些错误态度虽然在平时工作中似乎表现并不明显，但是，随着量变积累成为质变，这些错误的态度就会严重影响到你的工作结果，并导致你的工作待遇随之下降。

1. 最常见的五种错误态度

错误态度一：粗心大意。

细节决定成败，如果作为员工，对于工作中的某个环节产生了粗心大意的工作态度。那么，工作细节很容易因此而受到破坏。

成立于1763年的巴林银行集团，曾经是英国最鼎盛的商业银行集团。由于在世界金融历史上具有特殊地位，这家银行集团曾经被称为“金融界的金字塔”。然而，就是这样一家富有名望的银行集团，最终却毁在了一个职员的粗心大意上。

1992年，一个叫做尼克·里森的职员按照巴林银行总部的命令，到新加坡分行担任期货交易员。当时，为了有效减少总部工作总量，伦敦方面要求尼克·里森在那里设立一个特殊的账户，用来记录和处理新加坡工作中出现的一些小错误。于是，里森按照指令设立了一个88888账户作为这样的错误账户。然而，在几周之后，伦敦总部要求，所有支行都统一使用原来的 99905 错误账户和总部进行联系。

问题就出在里森的粗心大意上，他没有按照要求及时销毁原来的 88888 账户，而正是这个账户日后被发现用来掩盖了一次错误的期货购买。当错误发生之后，为了挽回经济损失的里森开始走上豪赌之路，最终的铤而走险导致了巴林银行的倒闭。

可想而知，如果里森或者他的上司没有在面对工作细节时粗心大意，及时销毁了原来的账户，很可能就不会产生后来的一连串连锁反应了。

错误态度二：似是而非。

不少员工刚进入职场时表现得相当虚心机敏，愿意在细节上一步步提高自己。但是随着时间的推移，人们发现，他们学习和掌握了基本的工作知识和技能之后，就不愿意继续学习了。

这种不愿意继续钻研，总是似是而非的工作态度，最终会让他们陷入尴尬的境地。通常，这些员工既不能做好大事情，也无法专心处理好工作细节，似乎在哪里工作都可以，却又难以在任何地方担任起真正的工作责任。对于他们来说，工作态度很难提升，并且他们还会发现职场上属于他们的空间正在不断被压缩。

错误态度三：盲目省事。

在面对细节时，总会有一些员工希望能够更多地投机取巧。他们虽然希望获得良好的工作待遇，但在工作细节的处理上却希望能够更省事，从而得到更多休息时间。其实，这样的态度不仅是对工作的不负责，也是对自身的不负责。

从工作科学的角度而言，当然可以使用更多工作方法和技巧来减少工作时间、提高工作效率。但是，任何事情都过犹不及。如果为了盲目地提升工作效率，就忽视工作细节，那么，很容易养成工作上的投机心理，希望不用费事去处理那些具体的数据、零碎的资料、不同的小问题，等等。

这样，即使偶然成功，最终也会发现，你所找到的并非收获的捷径，而是一无所获的职场。

错误态度四：眼高手低。

不少职场人都认为自己的工作能力超过别人，希望自己因此而被上司看重并委以重任。但事实上，没有经过工作细节考验的员工，缺乏必要的工作经验，并不可能会担当重要的职位。

由于自己所从事的工作和希望的工作存在差距，因此，这些员工不免会产生眼高手低的错误态度。一方面，他们希望有更大成就；另一方面，他们又看不上那些工作细节，总觉得这些工作细节并不是自己应该负责的。

错误态度五：无法坚持。

有人说过，想要成就自己的事业，需要花掉毕生的时间。也正是因此，许多职场人都老老实实地将自己手头的工作做好，致力于对工作中每一个看起来平淡无奇的工作细节进行完善，并执着地将工作中的小事情尽量做到完美。这样，他们的耐心和坚持才能够带来良好的回报。但是，不少职场人由于心态的浮躁，他们总是希望能够在最短的时间内获得成功，而不注意自己面对工作细节时的工作态度。这样，我们常常能看到一些人总是认真地开始工作，糊涂地收工走人。

其实，如果你无法坚持良好的工作态度，就无法对任何工作项目的细节进行精确的处理。这样，由于积累的停滞，你的工作待遇也就得不到应有的提升了。

2. 开展自我教育工作的方法

之所以会产生诸如此类的工作态度，往往是由于多种原因造成的，其中既有目前职场上总体氛围的原因，也包括职场人自己的错误心态。为了端正态度，去除上述错误，职场人有必要做好下面的自我教育工作。

首先，学会正确对待细节。

细节工作并非可有可无，而是所有工作重要的一部分。职场人必须要正确对待细节的价值，将细节当成工作的整体来看待，树立起“细节做好、工作才能做好”的意识。这样，工作细节才能得到应有的价值尊重，而错误的态度也会随之去除。

其次，学会正确提醒自己。

职场人不妨在平时生活中就培养自己关注细节的态度，而在工作中，也应该给自己多树立几条标准，并严格执行，确保能够获得良好的工作习惯。同时，还应该抓住机会及时提醒自己端正工作态度，从错误的工作情绪中摆脱出来，并保持客观、冷静、理性的评价标准去看待工作。

最后，拒绝自恃聪明。

观察职场能够发现，那些处理不好工作细节的员工，大都是自恃聪明的结果。他们中的绝大多数人都认为依靠自己的能力和经验，解决工作细节不在话下，并因此而忽视了工作细节的处理。因此，职场人应该承认自己的不足，学会客观看待自身的能力，更应该学会低调、谦虚、谨慎，只有这样，才能真正对待好工作细节并获取充分的进步。

第九章

在追求不凡待遇的路上，与世界上最伟大的人同行

沃伦·华盛顿：了解成功之人的态度是走向成功的开始

沃伦·华盛顿，专注于科学和工程领域。他是上述两个领域中的高级研究员。他对于其中不同的理论、公式和定律有着深入的研究，同时，他也了解在这两个领域中，人们是怎样取得成功的。以华盛顿的经验来看，了解人们如何成功的过程，能够帮助一个人获得应有的成功。

沃伦·华盛顿不仅是高级研究员，还是美国国家大气研究中心气候变化研究分部的主任。1963 年，他从宾夕法尼亚州立大学获得气象学博士学位，并加入该中心担任研究员。此后，他担任了历届政府以及气候系统建模委员会顾问。

1978—1984 年，沃伦·华盛顿是美国总统的海洋和大气国家咨询委员会成员，并先后数次参加过国家研究委员会讨论组。他作为专家咨询讨论的组织者，为 1986 年美国公共广播公司的电视系列片《脉动的地球》制作了其中一集《气候的奥秘》。1980—1993 年，沃伦·华盛顿始终担任能源顾问秘书处成员，自从 1990 年，他开始担任生物和环境研究咨询委员会秘书处的工作。1994 年，沃伦·华盛顿担任美国气象协会主席。1995 年 5 月，他被克林顿总统任命为美国国家科学委员会成员，这个委员会负责监管美国国家科学基金，并且为整个美国国会提出科学方面的建议，每届任期为六年。2000 年 3 月，克林顿总统对他提出了第二期的任命，同年 9 月由国会通过。2002 年 5 月，美国国家科学委员会宣布沃伦·华盛顿担任新一届的主席。2004 年 5 月，他获得了主席位置上的连任，其任期持续到了 2006 年。

沃伦·华盛顿之所以能够取得这样的成就，同他对他人成功的积极了解和学习的态度有着很大关系。

华盛顿说，他所面临的最大挑战，是帮助自己建立足够的信心去成长为一名科学家。在科学历史上，曾经有过如此之多的卓越科学家，因此，当他年轻的时候，他并不确定自己是否有足够的机会能够成为他们中的一员。为此，沃伦·华盛顿专门阅读了不少著名的科学家和工程师的成长故事和历史，其中包括著名的阿尔伯特·爱因斯坦的故事，美国历史上著名的植物学家、化学家乔治·华盛顿·卡弗的传记。通过对这些科学家成长历程的了解，沃伦·华盛顿获得了很大启发。通过这些故事，他知道了这些科学家也只是出生在普通的家庭中，他们有着普通的童年，而其中很多人在学校中也并不算优秀的学生。但他们在成长的过程中都很努力地工作，并不时地战胜来自他人的挑战。

结合自己成功的经验，沃伦·华盛顿向人们提出了这样的建议：不仅仅要去阅读科学、工程学或者有关自己业务的书籍，同时，还要通过充分地阅读，去了解那些在你所选择的行业领域中做出过杰出贡献的人的人生。

沃伦·华盛顿的建议是非常科学的，想要获得良好的工作态度，不可能在短期内就能做到。这是因为工作态度是发自人内在而表现在外部的一种状态，这种状态只有经过工作者自身的学习才能成功拥有，并将之变成职场人自己追求成功的实在能量。如果缺乏对成功者足够的尊重和了解，那么，职场人不仅缺乏足够的自信去面对成功，同样也缺乏应有的经验去实现自己的成功。也就是说，想要成功，必须要主动了解成功者的工作态度。

下面是通过对华盛顿经验的故事总结出的给予员工们的建议。

1. 找到并了解你所在行业的成功者

无论你具体在哪个行业工作，不妨通过对行业的了解、对新闻的捕捉、对书籍的阅读等，找到你所在行业的成功者。这种寻找过程本身也是你对行业加深了解的一种过程。例如，你所在企业的优秀员工、同行业的著名员工、已经创业成功的企业家，等等。当你经常听说这些人的名字时，就可以确定自己观察的对象，并从中吸收对自己有所裨益的经验。另外，当你确定观察的对象之后，不妨多观察他们是如何进行目前工作的。例如，他们对待工作的态度、分析工作时候的状态、如何决定工作的时间期限、如何履行工作的重点步骤，等等。

2. 通过共同工作来更多了解学习他人

在实际工作中，并非每个人都有着完全良好的工作习惯。但是，职场人完全可以通过和不同的人共同工作来发现那些自己并不具备的优点并进行学习。例如，你可以通过和经验丰富的职场前辈共同工作，学习他们的稳重扎实态度，也可以通过和初出茅庐的职场新人共同工作，学习他们的创新勇气。事实上，只要你确保自己有着谦虚的学习态度，你会发现，职场上有更多的成功因素值得自己去学习和探索。

3. 需要及时总结自己的学习经验

无论是阅读优秀人物的传记，还是观察了解身边人的优点，这些手段所获得的学习经验最终都需要通过及时的总结才能转化成为你的优势。

不妨对你的学习进行总结和提炼，形成对自己的若干项要求，然后制订出对这些要求的具体计划，并渗透在你的日常工作中。这样，你就能确保自己在日常工作中保持对那些成功者优点的学习和运用，并最终做到让他们的优点帮助你改变自身的工作态度。

杰拉尔德·福特：敌人不是最大的对手

杰拉尔德·福特，被认为是美国历史上最忠诚、仁慈的总统之一。在尼克松因为丑闻而下台之后，福特总统做到了正确地掌控形势，使得美国能够从震惊中清醒过来，并愈合伤口。

即使到了晚年，福特因为疾病而无法行走，他依然保持着谦和、幽默的做人风格和亲切、儒雅的生活态度。这些态度，使得他当年在他的国家需要正确指引的时候，成为最受人尊重的总统。而福特也用他个人的亲切和儒雅告诉了人们，要学会尊重那些工作中和自己意见不同的人。

1974 年 8 月 9 日，杰拉尔德·福特宣誓担任美国总统。他上任之后，面对的是余波未平的水门事件。在成功解决该事件之后，他还需要面对通货膨胀，应对经济萧条，解决能源的短缺危机，并努力维护当时的世界稳定和平。在任期内，对于国内，他采取积极行动，限制政府的干预和消费，试图解决美国经济和社会的问题。而在外交政策上，他在柬埔寨、越南势力减弱之后，依然努力维持着美国在世界上的权力和声誉。

1976 年，在总统竞选中，杰拉尔德·福特获得了共和党的总统竞选提名，但在大选中最终输给了共和党的竞争对手、佐治亚州前州长吉米·卡特。在最终的就职仪式上，卡特总统是这样开始其就职演说的："我代表我们的国家和我个人，对我的前任表示感谢，感谢他为治愈我们国家的创伤所做的一切。"

杰拉尔德·福特是这样告诉职场人的："我是乐观向上的人，现在也依然如此。的确，我有过失望，也遭受过失败的挫折，但是我会努力忘记它们，并保持积极的工作态度。这是因为无论是在运动过程中由于犯下小错误而输掉整个比赛，还是在政治竞争中因为几票的差距落选，依靠抱怨是无济于事的。因此，我不会对那些失败的过去耿耿于怀，我会学着继续向前看。

所以，年轻的朋友们，现在是你们个人生活和工作中发展的最重要时光。因为，这个时期，是你们形成职业道德、职业是非观念的时候，也是你为了自己以后的人生设定具体发展方向的时候。

我鼓励职场朋友们设定好自己的目标，无论工作是什么，都需要努力做到更好。你们曾经获得的工作经验、业务知识和受到的训练，都会确保你们在工作中获益，并对你的职业生涯产生重要的影响。

无论职场人去做什么，结果都自然会有输赢的不同，很多情况下，这样的输赢还难以预料。但是，你不应该被所谓的挑战吓倒。这是因为，如果你能够认真准备，并勤奋地追求工作目标，你就能达到优秀并获得应有的成功。

我们永远不应该忘记的原则就是，要学会尊重那些在工作中和你意见不同的成员。当我在国会和白宫工作的时候，经常和他人意见相左。我经常怀疑他们的观点是否正确，但绝不会怀疑他们工作的动机，更不会怀疑他们是否热爱这个国家。因此，我只有对手，并没有敌人。

好的工作者应该是实用主义者。他们总是想让事情成功，他们总是想为他人做好的事情。在选择工作者时，我不仅会考虑他们的观点和立场，还会考虑他们是否务实可信。因此，我不会选择那些专门扭曲事实的教条主义工作者。对此，我深信不疑：真理就会像胶水一样，不仅能够让政府成为一个统一的整体，还能让文明和我们相联系。”

福特之所以能获得政治生涯的成功，并不仅仅是因为他的“运气”好，同时也在于他的务实、求真的工作态度，凭借这样的态度，他才能够和所有竞争对手们和平相处，并力求获得共同点，促成工作的顺利进行。

想要学习和吸收这样的工作态度，你应该从下面几个方向改变自己。

1. 用正确的态度对待工作团队中的竞争者

任何工作团队中，职场人都会面对不同的竞争者。这样的竞争促成了团队成员相互之间合作，并能够使团队整体工作能力有所提高。因此，你不需要将竞争看作必须回避的困难。与之相反，团队内部的竞争带给你的应该是更多的收益，只有通过这样的必要竞争，你才能更为清楚地看到自己的不足，看到他人的优势，同时，掌握自己学习发展的具体目标。

竞争并非彼此为敌，而是相互学习和吸收，拥有这样的转化能力，你才能将竞争变成对自己态度改善有益的行为。

2. 保持求同存异的工作态度

在我们的工作中，不可能总是遇到和自己理念、方法相符合的工作合作者，甚至会碰到理念截然相反的上司、同事或者下属。面对这样的工作环境，你需要做的并非不断寻找你们之间的不同点，因为这种不同点会不断被放大，并形成你们之间的裂缝，拉大具体的差距，造成工作团队的分裂，同时也影响你个人在职场工作中的顺利成长。正确的方法应该是有效寻找你们彼此之间的共同点，并用这些共同点——对团队利益的追求、对业绩提升的欲望等——来重新形成共同的工作态度。

3. 做到不断检查自己的工作态度

为了学习到杰拉尔德·福特的工作态度，获得更高的工作成就，你必须要学会不断检查自省自身的工作态度。

不仅仅要学会检查自己具体的工作步骤，还应该检查你的工作态度中是否存在固有的问题和错误，是否能够保持一颗平常心工作，是否能够意识到对自己工作团队的价值，是否能够及时改变自己的坏习惯，等等。一个职场人只有做到不断地解决自己工作中的问题，才能确保工作态度的足够正确。

凯瑟琳·怀尔蒂：世界因合作的态度而改变

凯瑟琳·怀尔蒂是纽约市合作组织的总裁和首席执行官。可以说，她几乎是纽约城所有重要人士的好友和顾问。凯瑟琳·怀尔蒂不仅能够为公司和政府带来更多合作的机会，也为整个纽约城市的经济健康发展做出了重要的贡献。

凯瑟琳·怀尔蒂所供职的组织是由纽约商业企业家所组成的一个非营利性组织。1979年，这个组织由大卫·洛克菲勒创建。在这个组织中，人们致力于让纽约发展成为全世界的商业中心、金融中心和改革中心。为此，这个组织的公共政策主要集中在教育议题、基础投资建设议题和经济议题上。

纽约市合作组织的经济支持，主要来自于纽约市投资基金。这个基金正是凯瑟琳·怀尔蒂投资创办的，基金的总数高达1.1亿美元。同时，凯瑟琳·怀尔蒂还创办了住房合作组织，并在1982—1996年担任了这个组织的总裁兼首席执行官。

在职期间，凯瑟琳·怀尔蒂在纽约市、各州和整个美国范围内，积极推进一批批廉价住房的建设。同时，作为一位拥有国际知名度的房地产、经济发展和城市政策方面的专家，她也成为了不同委员会、咨询组织的参与者。其中包括纽约市长可持续发展咨询委员会、纽约州财政现代化委员会、纽约市经济发展公司、纽约法律援助协会、纽约市领导学会、曼哈顿研究所、纽约公立学校研究联盟、纽约生物医学研究联盟、纽约法庭未来特殊委员会，等等。在这些委员会的工作过程中，她参与撰写和起草了大量文章、文件、政策，而她在这些工作中表现出的领导才能，也被众多的教育、职业、非营利机构和民众所认可。

在她写给职场人的书信中，着重谈到了如何用合作来端正工作态度。她说：

“当我们想要对世界进行有效改变的时候，作为个人的我们，常常会感到缺乏力量、势单力孤，甚至会感到那么无助。因此，我们很多时候都会对自己在学习、工作和未来人生上的期望加以限制，确保在很小的范围内。然而，那些能够有勇气去主动拥抱更大梦想的人将会很快发现，每个人能留给世界的将不仅仅是他们个人的脚印。

我们应该对此做些什么？答案很简单。就是要对我们自身和我们自身的价值观保持应有的信心，要能够对我们所希望达到的工作目标抱有清晰的认识，要懂得信任那些和我们有着共同目标，并且想要和我们一起实现这些目标的人。而懂得合作，就是将每一个人薄弱的力量集中在一起并改变社会的领导者所应该具有的工作态度。”

出于对合作的重视，凯瑟琳·怀尔蒂在其工作态度中融入了更多依靠团队工作的取向，并由此取得了个人事业的上升动力。通过观察其成绩的由来，能够给职场人自我发展带来具体的建议。

1. 学会尊重合作本身

一些职场人之所以表现得缺乏合作态度，是因为他们始终过于相信个人能力。他们认为，只有依靠自己的工作能力取得成绩，才是真正的“奋斗”，而一旦想要依靠团队能力，就是对他人的依赖，是个人能力缺乏的表现。这种想法不仅缺乏必要的职场成熟，也显得并不实际。事实上，任何职场成绩都离不开团队不同程度的参与，更离不开合作本身。

职场人应该学会尊重，应该看到自身所在企业所创造的团队成绩，并将这些业绩和自己个人工作的基础进行准确联系。这样，你会逐渐在思想上认同合作，并尊重以合作方式开展的具体工作。同时，只有尊重合作本身，职场人才能将他人的工作方式、内容同自己的工作方式、内容进行更加广泛的联系。

2. 学会信任同事，并将他们看作潜在的合作者

从凯瑟琳·怀尔蒂的工作态度中，我们应该学习到她看重合作、尊重合作同伴的优良工作品质。在职场中，不同的人有着不同的教育背景、工作经历，也有着不同的性格特点、人生追求，更因为不同的工作职位而有着各自的利益。然而，正是因为有着这么多不同，才更有必要结合彼此的不同，形成共同的利益目标，从而促进彼此的有效互补。

我们应该学会摒弃自己和其他同事之间的利益分歧，将任何一名同事都看作团队内潜在的直接合作者。有了这样的思想基础，加上切实的行动，他们才能学会和同事正确地在工作中产生合作关系，并共同推进业绩的进步。

3. 学会在合作中主动付出

提倡合作，并不意味着只是从中得益，更需要员工在合作关系中表现出主动付出的良好态度。例如，为了得到良好地合作信任关系，你应该学会主动向合作伙伴输出利益、提供资源支持，或者向他们提供及时充分的信息，等等。而为了能够让合作关系更加充分深入地开展下去，你还应该学会主动帮助合作伙伴发现工作过程中的问题，从而提高合作效率。总之，在合作中，只有职场人做出主动付出的姿态和实际行动，合作关系才能得以维持和提升，这是每个职场人想要获得良好工作待遇的必备工作态度。

杰克·韦尔奇：态度改变未来方向

杰克·韦尔奇已经成为了企业管理界的一个传奇。当他从通用电气退休之后，他依然能够清楚地向职场人做出示范榜样：如何才能成为一个获得满意待遇的职场工作者，并在这样的基础上充分享受生活，做喜欢做的事情，保持直爽而吸引人的个性。

韦尔奇先生是美国马萨诸塞州萨勒姆人。1957 年，他在马萨诸塞州大学获得了化学工程学士学位，之后又在伊利诺伊州大学获得化学工程硕士和博士学位。1960 年，他加入了通用电气公司。1972 年，他被提升为公司的副总裁。1979 年，他成为了公司的副主席。1981 年，他顺利成为这家公司在 121 年的历史上，第八位主席并兼任首席执行官。2001 年，正式退休。

除此之外，韦尔奇先生还曾经担任过美国商业委员会、国家工程学院主席，并始终是其中的成员，还是美国商业圆桌会议的成员。

韦尔奇先生给人们留下最深刻印象的工作阶段，自然是从他成为通用电气公司历史上最年轻的董事长兼首席执行官开始的。当时，他只有45岁，而这家已经有117年发展历史的大公司正面临着机构臃肿、等级繁多的问题，整个公司对市场反应迟钝，并在全球竞争中面临着走下坡路的境况。

韦尔奇深知这种官僚主义和冗员主义给企业带来的恶果。因此，他首先对内部管理体制进行改革，力求减少管理层次和过多员工，为此，他将企业原来的8个层次减少到了最终的3个层次，并对部分高层管理人员进行了撤换。不仅如此，在此后的几年时间内，他砍掉了将近1/4的部门，削减了十多万个工作岗位，将原来的350个经营单位进行裁剪合并，形成了13个主要业务部门，并出售了价值将近上百亿美元的资产，新购了180亿美元的资产。

上述一切，都是韦尔奇先生在以市场为原则的工作态度下完成的。正因为这样，他才能立于不败之地。在这样的工作态度指导下，任何事业部门想要存在，都必须做到在市场上“数一数二”，否则，就会面临整顿、出售或者关闭的命运。

韦尔奇深深知道，没有迎接竞争的态度，就不会有未来的发展。不仅仅一个国家的经济是这样的，一个行业、一个企业甚至一个员工最终都是这样。因此，他才会全力推出大范围的改革。这是因为市场的变化方向是多元化的，没有任何一个企业、任何一个员工可以确保自己的情况是安全的，除非他们能够在市场竞争中保持正确的态度。

同样，在工作中，韦尔奇先生更是创立了许多不同的方法。其中，最为著名的包括“聚会”“突击视察”和“手写工作条”等。韦尔奇会很突然地视察不同的工厂、办公室，并形色匆匆地和比自己低好几个级别的经理共进工作餐，并无数次向他的下属突然发出工整醒目的手写便条，等等。这些工作态度，让整个通用电气公司的下属们感受到他的工作力量、领导力量，并从中受到了充分的影响。

韦尔奇对职场人这样说："你们应该不断地寻求机遇。这样，你才会有学习的机会。不要打算去做最后签字的人，而应该寻找那些能够改变你人生态度的事情，寻找你喜欢并能够真正从事的工作。不要在目前的工作待遇好坏上斤斤计较，而要肯于比他人付出更多。不要只是去做上司吩咐你的事情，对那些额外的工作，你也应该自觉去完成。你需要保持积极的工作态度，而不总是板着脸面表露痛苦和压力，这样会导致没有人愿意和你打交道。你应该保持积极的态度，就是那种相信自己能够做到的态度，通过这样的态度，你才会具备雄心壮志。"

杰克·韦尔奇自己工作态度的改变，不仅转变了他个人职场未来的方向，同时也转变了整个通用电气的发展方向。

通过对他的学习，职场人应该了解到这样的事实：想要获得待遇的提升，你最需要做到的是改变自己的工作态度。

1. 描绘自己想要的未来

如果不知道自己想要怎样的未来，职场人又怎么可能有动力去改变自己的态度？为此，你应该学会找出对目前工作环境中最不满意的地方，并设计出想要进行怎样的改变。这样，你就能够得到个人发展的愿景，并能够从这样的愿景中获得改变的动力。

在设计自己想要的未来时，职场人可以重点从几个不同的方面进行，其中包括自己的生活状态、工作状态、物质收入、精神收获、人际关系等，对这些领域分别设置出不同的理想状态，这样，才能勾勒出自己未来想要的蓝图。

2. 暂时忘记现在的工作待遇

很多员工认为，自己目前的工作待遇决定了自己应有的工作态度。因为他们没有理想的工作待遇，因此，也就理所当然地认为目前的工作态度不需要改变。这样形成的所谓“稳定状态”，恰恰是职场人最不应该有的状态。

为了打破这样的状态，你应该做到的状态是暂时忘记目前自己获得怎样的工作待遇，并且将全部精力集中在对良好态度的追求上。通过这样的追求，才能打破职场人目前所谓的平衡，并从中收获应有的改变。

3. 从细节方面改变自己的工作态度

想要改变自己的工作态度，获得未来的人生变化，不可能只依靠一两个笼统的方面改变，而应该从不同的细节入手。例如，从自己最基本的工作习惯开始着手改变，从办公桌的环境整理开始，或者从自己最基本的待人接物态度改变。只有做到这些细节上的点滴变化，职场人才能获得自己美好的未来。

乔治·W. 布什：说出并坚守你的态度

乔治·W. 布什，作为美国前任总统，其个人的功过与否，有待于历史来做出评价。但是，他始终都在相信自己做出的决定，并相信自己的工作态度。作为总统，乔治·W. 布什始终在为这个国家保持着正确的工作态度，而并不在乎民意调查的结果。

乔治·W. 布什，从耶鲁大学毕业之后，加入了得克萨斯州空军国民警卫队，并成为驾驶 F－102 战斗机的飞行员。1975 年，他获得了美国哈佛商学院的工商管理学硕士学位。1988 年，他帮助老布什角逐总统大选并获得胜利。此后，他和一些合伙人购买了得州游骑兵棒球队的经营权。

1994 年，他竞选获胜，成为得克萨斯州州长。在成为美国总统之前，他一直担任美国得克萨斯州州长，并在这个位子上工作了六年。这样的工作，为他获得了两党合作的正直声誉。而他作为一个富有同情心的政治保守主义者，通过对优先政府的强调，对个人责任的推崇，对家庭观念和地方控制的推进来制定政府政策，这样的形象已经深入人心。而在美国 2001 年 9 月 11 日遭遇了恐怖袭击之后，乔治·W. 布什为了保护其国家免受恐怖主义威胁，采取了不同的政策和措施。

乔治·W. 布什对职场人提出了这样的建议："有时，我们就是要在最混乱或者看起来最混乱的时候，做出最艰难的决定。这是因为，一个好的领导者，必须要有着敏锐的直觉。而其中首要的直觉就是能够判断他人性格特点并看穿他人本质的能力。为此，了解自己的信念，并按照自身的行事原则来做出决定，并不去担心他人会对此怎样想，这一点非常重要。因为我知道，我的职位比我个人更加重要。"

同时，他还这样评价自己的工作态度："我做的所有决定，都是基于我原来所信奉的工作原则，这些工作原则是我在成长过程中所树立的。虽然看起来，这需要不少勇气，但对于我来说，按照自身内心的原则来做出决定，是再自然不过的事情了——你说出你的信仰，并坚守他们。"

当然，乔治·W. 布什也承认，坚守自己的态度的确有难度。"有时候，在华盛顿，坚持自己是很困难的。因为这里经常有人这样看待政治——零和博弈。他们认为，政治就是我赢他输或者他赢我输的游戏。但是，我并不这样认为。白宫的椭圆办公室墙壁上，我之所以挂有林肯的画像，是因为我相信，他是这个国家历史上最伟大的总统，正是因为他，这个国家才明白要团结起来，并共同实现更大的目标。因此，为了将这个国家统一起来，我才努力坚信自己并努力工作。我们作为一个统一的国家，应该实现社会和平，成为更加具有同情心的国家。因此，我决定在华盛顿的批评声音中站出来，并告诉民众，我为什么要做出这样的决定——

这是因为我将坚持通过建设性、超越党派立场的方式和他们一起实现伟大的成就。”

布什这样回忆林肯给他带来坚守态度的勇气，他说：“当国家陷入内战硝烟以后，作为总统，林肯面对的是最为艰难的任务。但是，他的态度始终坚守如一，即集中在如何去建立统一国家这样的重要问题上。而且，他做到了。因此，每当有人来到我的办公室，我都愿意将林肯的画像展示给他们看，并且告诉他们，正是因为林肯，我才能成为今天的美国总统。”

在历任美国总统之中，布什的个人特点并不算最突出的，个人能力也不是最优秀的，然而，他之所以能够连任并成功履行了自己的工作使命，和他对工作态度的坚持是分不开的。

我们在确立自己的工作态度之后，一方面要不断发现其中可以更正的因素，寻找进步的空间；另一方面，意义更加重大的是对工作态度的坚持。只有做到坚持个人正确的工作态度，才能确保不断超越身边的竞争者，获取理想中的工作待遇。

如何做到坚持自身的工作态度？这需要职场人切实履行下面的步骤。

1. 对自身的工作理念、工作方向进行充分检查，确保其正确性

如果没有正确的工作理念、工作方向，你对工作态度表现出再大的信仰和坚持，也不一定能够为你带来更好的工作结果，换取超过他人的工作待遇。只有确保你所坚持的是正确的，才能获得坚持的价值。为此，职场人应该全面检查自己的工作理念和方向，从中挑出那些容易犯错的因素仔细观察，并确保自己对待这些因素时更加小心，避免出现习惯性的错误。当进行多次检查并养成正确的工作习惯后，你才能够有足够的动力和理由去坚持工作态度。

2. 不要太在乎他人和你工作态度之间的差异

在职场中，每个人表现出来的工作态度和其他同事的工作态度都存在差异，这一点并没有什么不正常。我们应该主动适应这样的差异，并采取正确的心态来对待。具体来说，你应该保持同样的工作态度，而不应因其他人表现出的怀疑、嘲笑和否定改变自身的工作态度，更应该学会依靠自己的工作态度来形成自身的工作方式。

具体来说，你应该坚持自己的工作习惯，并相信和确保这些工作习惯是经过正式检查而能够提供应有的裨益的。同时，你还应该不断检查和总结自己从良好工作习惯中获得的收益，从而坚定自己的信心。

3. 将你的工作态度和不同的工作目标结合起来

漫长的职场生涯中，每个人不同时期树立的工作目标是不同的，其中，目标的难度高低、产生的具体意义和促进作用、对团队和企业的长远影响、实现过程的操作方法都有所不同。但职场人需要做到的是将不同的工作目标和自己相同的工作态度进行稳定的结合，无论自身工作目标怎样变化，原先具备的工作态度都应该予以充分坚持并不断体现，这样才能确保工作过程中自身能力发挥的稳定和职场印象的一致。

约瑟夫·弗洛姆：成功没有神奇法则

约瑟夫·弗洛姆是美国律师中最受人敬重的。同时，他的个人待遇也是相当优厚的——不少公司付给他每年一百万美元的预先聘用费，只是为了不让他被其他公司挖走。不仅在物质上有这样的待遇，在精神上，人们也给予了他相当高的尊重态度，并对他忠诚敬业的正直人格给出了充分肯定。人们认为，弗洛姆是所有律师事务所领导者中间最重要的一位。而他在给职场人提出的建议中这样说：“成功远没有唯一的法则，但是接受批评、寻找成就感、创新思考和利益之外的因素驱使，将会帮助你更快走向工作上的成功。”

弗洛姆是1948年开始自己创业的，他创立了世达律师事务所，并带领团队发展，将这个事务所发展成为世界上最大的综合律师事务所。在领导这家事务所发展的过程中，弗洛姆被认为是处理企业并购业务最优秀的律师，他率先开发出了许多并购策略，这些并购策略一直在为投标企业家、投资银行家所采用。另外，弗洛姆还负责处理不同类型公司之间的交易问题。在公司的组织、重组、信贷、担保、寻求合资与投资等方面，他都是帮助客户寻找商业成功的最佳代表。

正因为做出过这么多贡献，弗洛姆获得过大量的荣誉和奖项，其中包括1986年法律援助社会公正奖，1989年美国律师协会颁布的“西摩”奖，1992年由美国国防部颁布的卓越功勋奖章。另外，他还获得了由英国法律界的权威评级机构以及《美国律师》杂志颁发的终生成就奖。此外，由于他做出的杰出贡献和提供的公共服务，纽约城市学院颁发了校长奖章给他。而弗洛姆自己也是司开登同乡基金会的创办者之一，并始终担任该基金会的理事。

弗洛姆对职场人这样说道：“如今，年轻的员工比起以前有着更多的机会，而社会所给予他们发扬才华的空间也越来越大。我自己就是一个很好的例子：我出身贫苦，但是，勤奋和运气，才成就了今天的我。

机会是多种多样的。无论你的职业，还是你所在的企业，都在给你提供着不同的机会。虽然你不可能一蹴而就，但你依然需要从梯子的最底端不断向上攀登。而问题就是，你究竟有多大的雄心壮志、多大的努力程度去实现你工作的潜力所能获取的高度。在目前这样一个对于学识和工作能力要求都越来越高的社会中，多接受一些教育，能够让你受益匪浅。而如果你愿意努力，并能够认识到你现在的努力就是明天的回报，那么，机会对你而言就无所不在。

我并没有太多神奇的诀窍帮助你在职场的竞争中获得领先。然而，我想说的是，你应该意识到，来自他人的批评并非总是意味着挫折。如果你能够用心思考，这些批评就会成为你成长路上的良好向导。除此之外，你还应该确定自己的确喜欢自己从事的工作，这样，你才能够在工作中享受到应有的乐趣，并且有动力始终这样工作下去。这样，在你做自己喜欢的工作时，才更容易取得进步。”

弗洛姆还补充说：“你应该学会走出自己工作的狭窄空间，去尝试到外面开阔自己的眼界，学习更多的与工作有关的知识和能力。这样，你才能够领先于周围的人。因此，我总是想要更加深入地去了解自己在做什么，还有那些和自己事业相关的东西是什么。只有这样，我才能真正摆脱平庸，而不被他人所淹没。”

最后，弗洛姆还强调了为非营利组织工作所能够产生的收益，这种收益“不仅会让你有一种自我满足感，还能够给你带来更多认识其他人的途径，而这些人可能就是日后会助你成功的那些人”。

作为一名从职场人成长起来的老板，弗洛姆个人的工作待遇可谓是顶级的，但这样顶级的工作待遇，来自于其个人顶尖的工作态度。

我们可以从下面的角度去解读、吸收和分析弗洛姆的工作态度中形成的经验：

1. 不要相信短期就能成功的“神奇法则”

无论哪个时代，总会有人不断鼓吹短期成功的神奇法则，但事实上，这样的法则常常被证明是无效的。职场人应该相信，只有通过艰苦地努力、保持一致的方向，才能获得工作结果和工作待遇的变化。这就要求员工长期地要求自己，并能够全面地对自己提出态度改变的目标和步骤。

2. 始终保持学习的态度

保持良好的工作态度，不可能和不断地学习分开，这是因为工作想要不断进步，就不能离开职场人个人的学习和提升。为此，你应该始终保持对新鲜事物的渴望，保持对学习能力的利用，并设定新的学习目标，从而带来自己工作态度和工作待遇的变化。

3. 学会不断拓展自己的工作空间

个人的工作范围也许并不足够广泛，但是，职场人应该学会对自身的工作空间进行有效拓展。例如，通过工作接触到不同的客户、合作者，或者通过工作了解新的市场、项目或者工作职位等。这样，即使你每天的工作内容没有发生变化，但最终你的工作空间得到了拓展，而从中获取的收益也大大增加。